AF266765

NOS MISSIONNAIRES

PRÉCÉDÉS

D'UNE ÉTUDE HISTORIQUE

SUR LA SOCIÉTÉ DES MISSIONS-ÉTRANGÈRES

PAR

ADRIEN LAUNAY

De la Société des Missions-Etrangères

Mgr RIDEL, Mgr PETITJEAN (1884),
Mgr CROC, LE P. MATHEVON, LE P. LAIGRE,
LE P. GUYOMARD, LE P. PINABEL,
LE P. POIRIER, LE P. MACÉ,
LE P. GARIN, LE P. GUÉGAN, LE P. DUPONT,
LE P. BARRAT,
LE P. IRIBARNE, LE P. CHATELET (1885)

PARIS

RETAUX-BRAY, LIBRAIRE-ÉDITEUR

82, RUE BONAPARTE, 82

1886

NOS MISSIONNAIRES

3963. — ABBEVILLE, TYP. ET STÉR. A. RETAUX. — 1886.

NOS MISSIONNAIRES

PRÉCÉDÉS

D'UNE ÉTUDE HISTORIQUE

SUR LA SOCIÉTÉ DES MISSIONS-ÉTRANGÈRES

PAR

ADRIEN LAUNAY

De la Société des Missions-Etrangères

Mgr RIDEL, Mgr PETITJEAN (1884),
Mgr CROC, LE P. MATHEVON, LE P. LAIGRE,
LE P. GUYOMARD, LE P. PINABEL,
LE P. POIRIER, LE P. MACÉ,
LE P. GARIN, LE P. GUÉGAN, LE P. DUPONT,
LE P. BARRAT,
LE P. IRIBARNE, LE P. CHATELET (1885)

PARIS

RETAUX-BRAY, LIBRAIRE-ÉDITEUR

82, RUE BONAPARTE, 82

1886

DÉCLARATION DE L'AUTEUR

Nous protestons de notre pleine et entière soumission aux lois du Saint-Siège et particulièrement au décret d'Urbain VIII. S'il nous arrive d'employer certaines expressions comme celles de Saint, de Bienheureux, de Martyr, nous déclarons suivre simplement l'impulsion de notre cœur sans vouloir prévenir les jugements de l'Église.

PRÉFACE

Les événements politiques attirent l'attention du monde entier vers l'Extrême-Orient ; on parle des soldats qui gagnent des batailles et des diplomates qui signent des traités dans ces contrées lointaines, il restait à parler des missionnaires qui y prêchent. J'ai essayé de le faire.

Mais l'exemple touche plus que le précepte, la pratique instruit plus que la théorie : c'est pourquoi, au lieu de poser des principes ou de développer de hautes considérations, j'ai raconté la vie de quelques missionnaires et la mort de plusieurs martyrs.

Je n'ai pas choisi les missionnaires les plus saints, les martyrs les plus héroïques, j'ai pris ceux dont on vient d'annoncer la mort, ceux dont le souvenir fait encore verser des larmes ; le tableau sera moins brillant, il sera plus vrai et plus actuel.

Dans la préface de son beau livre intitulé : *Actes de la captivité et de la mort des R. R. P. P. Jésuites tués par la Commune*, le P. de Ponlevoy a écrit ces lignes : « Qu'on ne s'étonne pas si je ne m'occupe que de mes frères. Je l'affirme, ce n'est point prétention de ma part, c'est plutôt discrétion. D'autres sans doute feront pour les leurs ce que je fais ici pour les miens. *Fratres meos quæro.* » Tels sont aussi mes sentiments, je ne saurais mieux les exprimer.

Avant de parler des fils, j'ai voulu parler de la mère, et j'ai tracé en quelques pages le tableau de l'origine, de la constitution et du développement de la Société des Missions-Étrangères, sur laquelle aucun travail de ce genre n'a été publié.

Puissent la vie et la mort des ouvriers apostoliques apporter quelque édification aux bienfaiteurs des missions : ce sera payer une partie de l'immense dette contractée envers eux.

Puissent leurs exemples encourager quelque vocation à l'apostolat, ou tout au moins ne pas être inutiles au bien des âmes, et Dieu aura donné à ce livre la seule bénédiction que je demande.

LA SOCIÉTÉ

DES

MISSIONS-ÉTRANGÈRES

LA SOCIÉTÉ

DES

MISSIONS-ÉTRANGÈRES

------------◆------------

CHAPITRE I

ORIGINE DE LA SOCIÉTÉ DES MISSIONS-ÉTRANGÈRES

(1652-1663)

L'origine de la Société des Missions-Étrangères ne ressemble point à celle des autres congrégations qui, dans le cours des âges, ont mis leur dévouement au service de l'Église. Ordinairement, en effet, les sociétés religieuses naissent tout armées de la tête et du cœur d'un de ces hommes auxquels Dieu destine le rôle, si fécond et si grand, de diriger et de former, par des enseignements précieusement conservés, d'innombrables générations.

Pendant de longues années, les fondateurs d'Ordres

préparent, dans le silence de la prière et de l'étude, l'œuvre à laquelle ils se sentent appelés; puis un jour, ils réunissent autour d'eux des compagnons qu'ils remplissent de leur esprit, les envoient dans toutes les directions, sous leur commandement unique, combattre l'erreur, soulager la souffrance, dépenser sur tous les champs de bataille, pour la cause de Jésus-Christ, leur zèle, leur dévouement et leur ardeur. Le nom de ces fondateurs projette ses rayons de gloire pendant toute l'existence de l'Ordre et sur tous ses membres; il est l'étendard autour duquel on se rallie, le signe d'espérance qui brille aux jours d'orage, le gage de salut qui assure la victoire et parfois le dernier vestige d'une antique splendeur.

Il n'en est point ainsi de la Société des Missions-Étrangères, et c'est en vain qu'elle chercherait dans ses annales le nom de son fondateur; des prêtres, des laïques généreux, de pieuses chrétiennes contribuèrent par leurs travaux et par leurs bienfaits à procurer son établissement; mais si l'on nous demandait de préciser à qui revient la part principale dans la fondation de cette œuvre, nous répondrions avec un vieux et docte chroniqueur : *Christo Redemptori, Virginique Matri :* Au Christ Rédempteur, à la Vierge sa Mère.

I

Vers le milieu du dix-septième siècle, s'élevait dans la rue Saint-Jacques, à Paris, un hôtel aux vastes proportions, dont la façade portait inscrite en gros caractères cette poétique enseigne : *A la Rose Blanche.* Les habitués de l'hôtel, pensionnaires pour la plupart, suivaient les cours de l'Université de Paris.

Parmi ces étudiants, on en remarquait cinq dont la piété semblait plus ardente et la vie plus austère ; une forte et sainte amitié les unissait.

L'un d'eux, jeune homme au visage grave et doux, se nommait François Pallu, il était chanoine de Saint-Martin de Tours. Son intelligence lumineuse et hardie se jouait volontiers dans les problèmes ardus et les questions élevées ; il se plaisait à les résoudre non par un mot, mais par une exposition claire, savante et complète ; souvent il étonnait ses amis.

— Vous êtes prédestiné, lui disait-on quelquefois.

— A quoi donc, répondait-il en souriant, à être religieux ou à mourir chanoine ?

Et son regard se tournait vers Dieu, sans s'arrêter à l'avenir brillant prédit par l'amitié.

La bonté de son cœur égalait la pénétration de son esprit : à Tours, on l'avait surnommé l'avocat des mendiants.

Le meilleur ami de M. Pallu portait un grand nom de France, il s'appelait François de Laval-Montigny, de la haute et puissante maison de Montmorency, il était archidiacre d'Évreux ; avec eux, le front rayonnant d'une angélique pureté, un jeune lévite, dont le nom et les œuvres ont traversé deux siècles, Henri Boudon ; M. Gontier, qu'une mort rapide devait enlever à la fleur de l'âge, et le doux et modeste fils d'un riche armateur de Rouen, Luc Fermanel.

Tous faisaient partie de la congrégation de la Sainte-Vierge ; ils avaient pour directeur un jésuite, le P. Bagot. Mais le calme dont avait besoin leur piété, était difficile à trouver à l'hôtel de *la Rose Blanche*. Ils se retirèrent dans une maison de la rue Copeaux, au vieux faubourg Saint-Marcel.

Leur premier soin fut de choisir saint Joseph pour le protecteur de leur maison et pour le modèle de leur vie. Aucun règlement ne fut établi, aucun supérieur ne fut nommé. M. Fermanel avait avancé trois cents francs pour acheter un mobilier, il fut prié de recevoir le prix des pensions et de faire les fonctions d'économe pendant le premier mois ; M. Gontier lui succéda, et ainsi, à tour de rôle, chacun prit soin de veiller à l'ordre de la maison.

Peu à peu les associés devinrent plus nombreux, et l'on vit successivement arriver M. de Meur, qui avait pris cette austère devise : « Parler de Dieu ou se taire » ; M. Gazil, un docteur en Sorbonne, cachant sous une apparente bonhomie une finesse de diplomate ; M. Angot, mort en odeur de sainteté, sous l'habit de carme déchaussé ; M. Chevreuil, M. Dédouyt, et plusieurs autres ; en 1652, ils étaient douze.

II

Ce fut à cette époque qu'un étranger dont le monde catholique n'a point oublié le nom, le P. de Rhodes, alla les visiter. Missionnaire en Cochinchine et fondateur de l'Église du Tong-King, le P. de Rhodes avait été, ainsi que tous les prêtres européens, chassé de cette terre d'Annam, où Dieu couronnait, par d'éclatantes conversions, ses immenses travaux.

Pendant son exil, le missionnaire songea à l'avenir des chrétientés qu'il venait de fonder. Cet avenir lui sembla sombre. Qu'adviendrait-il, en effet, si la persécution chassait, et pour de longues années, tous les prédicateurs de l'Évangile? qui donc enseignerait les fidèles et les gouvernerait ? qui donc leur administrerait les sacrements, source de force et de persévérance? Sans doute, il y avait les catéchistes, ils étaient nombreux, zélés et fidèles, mais, après tout, ils n'étaient que de simples chrétiens : pour vivifier et féconder leurs travaux, il fallait l'action du prêtre, il fallait sa main pour bénir, sa parole pour absoudre et consacrer.

Depuis longtemps les Papes avaient donné la solution des difficultés qui agitaient l'âme du P. de Rhodes ; à plusieurs reprises, ils avaient ordonné la création d'un clergé indigène.

Les prêtres indigènes, en effet, peuvent plus facilement échapper à la persécution ; rien ne les trahit, ni leur langage, ni leur physionomie ; enfants du pays, ils en connaissent tous les sentiers, ils peuvent, sans guide et sans secours, passer d'une chrétienté dans une autre, porter à tous, presque sans péril pour aucun, des paroles de foi et d'espérance ; aussitôt que le calme se fait, ils sont là, prêts à réparer les ruines, ou à soutenir une ferveur excitée par les combats.

Les récents désastres de la mission du Japon prouvaient à tous la vérité de cette thèse et la nécessité de la mettre à exécution sur une large échelle.

N'était-ce pas d'ailleurs la pratique constante et invariable de l'Église de Dieu dans son établissement par le monde entier ; et l'heure n'était-elle pas arrivée de donner aux fidèles d'Extrême-Orient des pasteurs pris parmi eux ? Pour établir ce clergé indigène, pour l'instruire, le diriger, organiser ses travaux, en un mot, pour fonder une Église, il fallait des évêques ; l'évêque est le centre de la vie surnaturelle d'un pays, il est la paternité féconde du Sacerdoce ; sans évêque, point de prêtres ; sans prêtres, point de sacrements ; sans sacrements, point de christianisme. Mais, c'était à de rares exceptions et toujours avec regret que les ordres religieux acceptaient cet honneur, même pour ceux de leurs membres qui travaillaient dans les missions.

Le P. de Rhodes se souvenait des ordres des Souverains Pontifes, il résolut d'essayer de les accomplir. Dans ce but, et avec l'assentiment de ses supérieurs, il vint en Europe en 1649. Le pape Innocent X, auquel il adressa sa requête, lui donna ordre de chercher des prêtres dignes de l'épiscopat et désireux de consacrer leur vie à l'apostolat. Le missionnaire quitta Rome, il parcourut l'Italie, le Piémont, la Suisse ; personne ne se présenta ; alors il vint en France.

Il y rencontra le P. Bagot et l'accompagna à la maison des associés de la rue Copeaux. Il raconta à son auditoire ses travaux et ses triomphes, le but de son voyage et l'insuccès de ses démarches. Un silence plein d'émotion accueillit ses paroles. Devant ces

jeunes gens s'ouvrit un nouvel horizon : des peuples
entiers à convertir, des églises à fonder, des travaux
immenses, des souffrances sans trève, et, à la fin de leur
carrière, peut-être le martyre; quel splendide avenir!
Le P. de Rhodes lut-il sur leurs traits les aspirations
de leur âme? A peine les eut-il quittés qu'il se jeta
dans les bras du P. Bagot. — Ah! mon Père, s'écria-
t-il, j'ai trouvé mes premiers évêques ; et des larmes
de bonheur voilaient le regard du vieil apôtre. — Où
donc? fit le P. Bagot. — Ici-même, sous vos yeux, et
parmi vos enfants. Les hommes de Dieu ont de ces
intuitions soudaines et profondes. Le P. de Rhodes ne
s'était pas trompé. Presque tous les associés demandèrent
à partir avec lui. Immédiatement, il écrivit à la Propagande et à quelques évêques français.

La Propagande et les évêques reçurent avec joie
la nouvelle qui leur était communiquée, ils appuyèrent
près du Souverain Pontife la demande du P. de Rhodes. Le
Pape ordonna à Mgr Bagni, alors nonce à Paris, de choisir
trois prêtres parmis ceux qui acceptaient de se dévouer
aux missions. Le choix du nonce tomba sur M. Pallu,
M. de Laval-Montigny et M. Picque, un docteur en
Sorbonne aussi pieux qu'érudit.

De nobles et ferventes chrétiennes, dont la reconnaissance a conservé le souvenir, Madame d'Aiguillon,
Madame de Miramion, Mademoiselle de Bouillon se
firent les premières bienfaitrices de l'OEuvre naissante.

Tout était donc prêt : on avait des hommes, on avait
des ressources, Rome était favorable. Évidemment, s'il

se fût agi d'une entreprise humaine, le succès était certain ; mais il s'agissait d'une œuvre divine, il lui manquait le sceau des œuvres divines : la contradiction. Elle allait apparaître vigoureuse et puissante.

III

L'opposition la plus forte vint du Portugal. Ce petit pays, si grand par son histoire, avait été longtemps le bras droit de l'Église, en Afrique et en Asie. Une foi vive, un courage chevaleresque, un orgueil national immense, un désir ardent d'étendre toujours plus loin le royaume de leur roi et celui de leur Dieu, avaient suffi aux Portugais pour conquérir un monde ; mais bientôt les convoitises de l'or et celles de la terre les possédèrent tout entiers, la vivacité de leur foi disparut, leur valeur s'attiédit, en eux tout s'abaissa, excepté l'orgueil, et la déchéance apparut avec son cortége toujours nombreux de haines inassouvies et de jalousies impuissantes.

Dès que le gouvernement portugais apprit que Rome songeait à envoyer des évêques français en Extrême-Orient, il réclama avec force au nom du droit de patronage qu'il prétendait avoir sur toutes les Églises de ces contrées lointaines.

Il voyait déjà les commerçants et les soldats de la France suivre les missionnaires et enlever au Portugal les restes disputés d'une influence presque éteinte. Il rappela la bulle d'Alexandre VI, les priviléges accordés par un grand nombre de papes et qu'il se hâta d'expliquer à sa manière, sans tenir compte du droit et de la justice ; il n'épargna ni prières, ni menaces, ni promesses ; son ambassadeur à Rome prodigua mémoire sur mémoire, et demanda audience sur audience. Les demandes, les promesses et les menaces pouvaient se résumer en trois mots : Aucun envoi de missionnaires français. — Fondation et dotation par le Portugal de tous les évêchés nécessaires à l'établissement d'un clergé indigène. — Guerre aux missionnaires français, s'ils étaient envoyés, et refus d'obéissance au Saint-Siége.

La lutte dura cinq ans. Pendant ce temps, les supérieurs du P. de Rhodes, qui voyaient avec peine le vénérable religieux dépenser son zèle en pure perte, lui donnèrent (1654) la direction des missions de la Perse, où il mourut en 1660. Le P. Bagot, qui semblait le soutien de l'association, quitta Paris en 1656 ; M. de Laval fut nommé évêque du Canada, et M. Picque accepta la cure de Saint-Josse, à Paris.

Ainsi au début tout avait semblé facile, après plusieurs années d'efforts tout paraissait perdu ; mais l'éternité de Dieu n'a point de hâte, et quand elle ne désespère pas nos impatiences, elle trempe notre volonté.

IV

Au fond de leur cœur, les associés avaient gardé la foi en leur vocation. Cinq d'entre eux, M. Pallu, M. de Meur, M. de Milian et deux autres ecclésiastiques partirent pour Rome et s'adressèrent directement au pape Alexandre VII. Le Souverain Pontife les écouta avec bonté, il les assura de sa protection et nomma cinq cardinaux pour étudier leur demande. M. Pallu resta seul à Rome espérant un prompt succès. Après dix mois de sollicitations incessantes, il n'avait rien obtenu ; il écrivit alors à un de ses amis, M. de Lamothe-Lambert, et le pria de venir lui prêter son aide.

M. de Lamothe-Lambert était un conseiller de la cour des aides de Rouen ; chaque jour il communiait, récitait l'office canonial et faisait deux heures d'oraison. Jurisconsulte savant et dialecticien redoutable, le magistrat valait le chrétien ; il savait rendre objection pour objection, texte pour texte, et mêlait à son argumentation, qui allait droit au but, une nuance de subtilité parfois difficile à saisir et propre à déconcerter l'esprit le plus pénétrant. Arrivé à Rome, il réussit à apprendre d'où venaient les obstacles qui arrêtaient M. Pallu.

Par suite d'un principe sage et constant de l'Église romaine, le secrétaire de la Propagande, Mgr Albérici, était opposé à toute innovation, et parfois, poussant cette sagesse jusqu'à l'excès, il refusait même d'écouter ceux qu'il savait devoir lui proposer une chose nouvelle. M. de Lamothe-Lambert finit par lui arracher la promesse d'un quart d'heure d'audience. L'audience dura dix heures. Lorsque le solliciteur sortit, la cause des Vicaires Apostoliques était gagnée, et la future Société des Missions-Étrangères comptait un ami dont la protection ne devait jamais lui faire défaut.

Le 8 juin 1658, Alexandre VII recevait en audience solennelle MM. Pallu et de Lamothe-Lambert, qui repartaient pour la France. — Quoi, monsieur, dit le Pontife à ce dernier, vous voulez donc nous quitter ; eh bien, moi je vous retiens, et je vous nomme mon Vicaire Apostolique en Cochinchine ! Puis se tournant vers M. Pallu : — Et vous, Monsieur, vous serez mon Vicaire Apostolique au Tong-King.

Le 17 août suivant, la Propagande rendait un décret bientôt confirmé par le Pape et par lequel M. Pallu était nommé évêque d'Héliopolis, Vicaire Apostolique du Tong-King avec l'administration du Laos et de cinq provinces chinoises. M. de Lamothe-Lambert recevait le titre d'évêque de Bérithe, Vicaire Apostolique de la Cochinchine, chargé de cinq autres provinces de Chine et du Japon. Quelques mois plus tard, M. Cotolendi, curé d'Aix, en Provence, fut nommé évêque de Métellopolis, avec le soin des cinq provinces septentrionales de la Chine, de la Tartarie et de la Corée.

Un vieillard partageait les trois puissants royaumes de l'Annam, de la Chine et du Japon entre trois prêtres inconnus ; il leur confiait une œuvre où déjà plusieurs avaient échoué, et que beaucoup déclaraient simplement impossible. Eux acceptaient, heureux et forts de la bénédiction du Pontife et de la grandeur de leur cause, sans redouter les intrigues d'une ambition déçue et d'une malveillance jalouse ou les périls d'une vie de lutte contre un paganisme plein de violences et de fourberies.

Mgr de Lamothe-Lambert partit le premier ; le 18 juillet 1660 il quittait Paris, et le 27 novembre, il s'embarquait à Marseille avec deux missionnaires, MM. de Bourges et Deydier. Arrivés à Alexandrette le

11 janvier 1661, ils traversèrent l'Égypte, la Perse, les Indes, et le 22 août 1662, ils entraient à Juthia, la capitale du royaume de Siam.

Mgr Cotolendi se mit en route huit mois après Mgr de Lamothe Lambert, avec M. Hainques et M. Chevreuil. A Palacol, petit village à quelques kilomètres de Mazulipatam, le prélat s'arrêta épuisé par la fatigue et brisé par la fièvre. Lorsqu'il eut reçu l'extrême-onction : — L'éternité approche, tout va bien, dit-il, et il expira.

Mgr Pallu partit le dernier. Depuis trois ans qu'il était évêque, deux choses surtout l'avaient occupé. Afin de rendre son entreprise plus facile, et en même temps, utile à la civilisation et à la religion, il résolut d'y faire participer la France. Étendre le règne de Dieu, l'étendre par la France, sous sa protection, en quelque sorte à l'ombre de son drapeau, et pour cela, la rendre puissante en Extrême-Orient par son commerce et par ses alliances, tel fut le but qu'il se proposa. Le moyen ne fut pas long à trouver; d'ailleurs les plans vastes et les desseins hardis n'embarrassaient pas Mgr Pallu. Avec le secours de ses amis, il forma une compagnie commerciale, fit construire et équiper un navire, *le Saint-Louis*, tout était prêt pour l'embarquement, lorsque *le Saint-Louis* sombra, dans une tempête, au Texel. C'était une perte de 800,000 livres et la ruine d'un projet longuement préparé.

L'évêque ne s'attrista ni ne se découragea, mais il travailla avec nouvelle ardeur à une œuvre plus importante encore : l'établissement d'une maison de correspondance, séminaire et procure tout à la fois, dont les directeurs devaient former de jeunes prêtres à la vie apostolique et envoyer aux évêques les secours offerts par la charité. Il trouva des collaborateurs parmi les membres de cette même association qu'il avait contribué à établir en 1650, rue Copeaux, et qui, depuis quelques années, avait fondé une autre maison, rue Saint-Dominique. Il chercha ensuite un terrain et des bâtiments, mais la Congrégation de la Propagande hâta son départ, et il dut quitter la France avant d'avoir fondé le séminaire. Toutefois le projet était conçu, expliqué et compris, il était accepté et soutenu ; peu de mois après le départ de Mgr Pallu, il fut exécuté.

CHAPITRE II

FONDATION DU SÉMINAIRE DES MISSIONS-ÉTRANGÈRES

(1663)

I

A l'époque de la nomination des vicaires apostoliques,
il y avait à Paris, un saint religieux de l'ordre des
Carmes-Déchaussés, dom Bernard de Sainte-Thérèse,
évêque de Babylone ; après un laborieux apostolat dans
la Perse, il était revenu en France où ses infirmités
l'avaient retenu. Il employait les rares loisirs que lui
laissaient ses souffrances à essayer d'établir un séminaire
pour la formation de jeunes ecclésiastiques destinés
aux missions de Perse. Une pieuse chrétienne, Madame
de Ricouart, née du Gué de Bagnols, l'avait aidé ; elle
lui avait donné une maison et un vaste terrain situés à
l'angle de la rue du Bac et de la rue de la Petite-Gre-
nelle ; il ne restait plus qu'à trouver des prêtres pour
diriger l'établissement.

Dans le monde religieux, on savait que les amis
des Vicaires Apostoliques cherchaient un séminaire.

L'évêque de Babylone leur offrit le sien; il ne mettait que deux conditions : la première, que les nouveaux directeurs enverraient des prêtres aux missions de Perse; la seconde, qu'ils lui paieraient une rente viagère de 4,000 francs.

Les amis de Mgr Pallu n'eurent garde de refuser, mais ils durent prier M. de Morangis, directeur des finances, et M. de Garibal, maître des requêtes, d'accepter en leur nom une donation que ne pouvait recevoir une Société dont l'existence n'était pas encore légalement reconnue; en même temps, ils présentèrent au roi une requête afin d'obtenir des lettres patentes.

Louis XIV comprit vite quelle serait l'influence civilisatrice, française et catholique de la nouvelle œuvre.

Le 27 juillet 1663, il accorda les lettres patentes et dota le séminaire d'une rente annuelle de 15,000 livres l'abbé de Saint-Germain, Henri de Verneuil, l'autorisa le 10 octobre suivant; l'archevêque de Paris, Mgr Hardouin de Péréfixe s'en déclara le protecteur, et le légat du Saint-Siége en France, Mgr Flavio Chigi, l'approuva au nom du Souverain Pontife.

Le 27 octobre, réunis dans une des salles du Séminaire transformée en chapelle, MM. Gazil, Poitevin et leurs amis, prirent possession de la maison. Bossuet vint saluer, de son éloquence, cet acte qui consacrait l'œuvre naissante. Quelques jours plus tard, M. de Meur était élu supérieur du Séminaire, MM. Fermanel, Besard, Gazil, Poitevin, Lambert et Desportes nommés directeurs.

La Société des Missions-Étrangères était fondée; elle

avait un but général et exclusif: l'apostolat dans les Missions; un but particulier nettement défini: la formation du clergé indigène; des membres: évêques, missionnaires et directeurs, enfin, un Séminaire pour assurer son recrutement, perpétuer son œuvre et être le centre de son administration en France.

Depuis le jour où le P. de Rhodes avait expliqué aux associés de la rue Copeaux que, pour l'établissement définitif des églises d'Extrême-Orient, il y avait un double but à atteindre, la création d'évêques et la formation d'un clergé indigène, bien des hommes s'étaient unis dans une même pensée pour arriver à la fondation de la Société.

Avant toutes choses, il avait fallu la parole de Rome, Mgr Pallu et Mgr de Lamothe-Lambert l'avaient obtenue; il avait fallu des prêtres pour accompagner les évêques, MM. de Bourges, Deydier, Laneau et beaucoup d'autres s'étaient présentés; il avait fallu en France des associés pour soutenir l'œuvre, MM. Gazil, de Meur, Poitevin, Fermanel avaient accepté cette charge, ils avaient fondé le Séminaire; tous évêques, missionnaires et directeurs, s'étaient promis un concours généreux et une union constante; ils avaient reçu d'hommes étrangers à leur association des secours considérables : Louis XIV, Mgr de Babylone, MM. de Garibal, de Morangis, Madame d'Aiguillon, Madame de Miramion, avaient été les premiers bienfaiteurs de l'œuvre naissante.

En face de cet étonnant concours de dévouement, de cette absence de direction unique, de cette suite de contradictions et de ce plein succès, il avait donc singulièrement et profondément raison, le chroniqueur du dix-septième siècle, d'en appeler à une intervention divine manifeste et de déclarer « le Christ Rédempteur et la Vierge, sa mère », les véritables fondateurs de la Société des Missions-Étrangères.

II

Mais étudier l'origine d'une institution, ce n'est pas seulement connaître l'ensemble des événements qui ont amené sa formation, c'est aussi un moyen de découvrir son caractère spécial, ses qualités diverses, et parfois les destinées que la Providence lui réserve. L'arbre est tout entier dans le germe, avec ses racines et ses branches, ses fleurs et leurs parfums, ses fruits et leur saveur.

Serait-il donc téméraire de penser et de dire que la Société des Missions-Étrangères, composée de prêtres séculiers, a une origine en rapport avec sa prédestination et que ses premiers éléments ont une raison d'être particulière et portent avec eux un enseignement spécial?

Et d'abord elle vient à son heure, c'est-à-dire dans un de ces moments assez fréquents dans la vie de l'Église, où ce qui suffisait hier ne suffit plus aujourd'hui. Est-ce à dire que ceux qui étaient chargés de travailler pour l'Église, ne remplissaient plus leur mandat? A Dieu ne plaise; parce que saint Ignace fonda la Compagnie de Jésus, faut-il conclure, que les enfants de saint Dominique et de saint François avaient oublié leurs devoirs et failli à leur mission? Évidemment non. Mais pour répondre à des besoins nouveaux, il faut créer des œuvres nouvelles. C'était à un de ces besoins que répondait la Société.

Les Ordres religieux, avaient les premiers fait retentir le nom du Christ sur les plages lointaines et groupé autour de la Croix des milliers de chrétiens; quand il fallut former de véritables Églises et leur donner la hiérarchie catholique, on ne trouva point d'institution dont le but fût directement en rapport avec cette œuvre. C'est alors que parut la Société des Missions-Étrangères; son but dit la raison de sa création et légitime son existence.

Le choix que Dieu fait des premiers membres de la Société n'est pas moins frappant. Par leur situation, leur caractère et leurs vertus, ces premiers membres semblent spécialement et longtemps à l'avance formés pour l'œuvre qu'ils auront l'inappréciable honneur de fonder.

Ils font partie d'une association de jeunes gens pieux, savants et libres de tout engagement religieux. La jeunesse, en effet, n'est-elle pas l'âge au cœur vaillant, qui sait tout donner, sa famille, sa patrie, sa vie, et toutes ces choses, Dieu les demande au missionnaire; la piété n'est-elle pas le palladium de l'apôtre et le nerf de son action; la science une des conditions des fonctions sacerdotales; la liberté dans le sacrifice et l'union gardée par la charité, les caractères spéciaux d'une Société qui ne demande à ses membres que d'observer la discipline ecclésiastique ordinaire, de vivre, de travailler et de mourir sous l'autorité des évêques et du Souverain Pontife sans prononcer de vœux et sans relever d'un général d'Ordre.

Et si des éléments qui appartiennent à la Société, nous passons à ceux qui lui sont étrangers, nous voyons des religieux et de simples fidèles, apporter à l'œuvre naissante l'appui de leur parole, de leur influence et de leur fortune. Quoi d'étonnant? Puisqu'à ceux qui s'y consacrent, l'apostolat demande, comme il est demandé aux religieux, l'esprit d'obéissance jusqu'au martyre et l'esprit de pauvreté jusqu'au dénuement le plus absolu; puisque, pour réussir et se développer, il lui faut recevoir des chrétiens les secours toujours efficaces de l'aumône et de la prière.

CHAPITRE III

(1663-1684)

I

L'évangélisation de l'Extrême-Orient avait subi bien des fluctuations diverses : commencée aux premiers siècles de l'Église, bientôt interrompue, reprise, interrompue de nouveau, puis reprise encore, elle entrait alors dans une période pleine d'activité. Les Franciscains, les Dominicains, les Jésuites étaient venus, nombreux et vaillants, continuer la tâche de saint Thomas, de Jean de Montecorvin et de saint François-Xavier ; à leur tour, les fils de la Société des Missions-Étrangères apparaissaient sur ces lointains rivages.

Le premier acte des Vicaires Apostoliques, à leur arrivée à Siam, fut de faire une retraite de quarante jours : ils connaissaient la vertu de la prière et la puissance de la méditation ; le second, de chercher à pénétrer dans leurs missions, Mgr de Lamothe-Lambert en Cochinchine, et Mgr Pallu au Tong-King. Mais dans ces deux pays, la persécution redoublait alors de violence, et, craignant d'attirer sur les chrétiens de plus grands malheurs, les évêques se résignèrent à attendre des jours meilleurs. Ce retard ne les empêcha pas de travailler à ce qui était le but principal de leur œuvre. Ils adressèrent une requête au roi de Siam, obtinrent un vaste terrain et bâtirent un Séminaire général dont les élèves devaient appartenir à toutes les missions qui leur étaient confiées; puis ils rédigèrent le livre des *Instructions apostoliques*.

Ce livre, sorte de directoire, contient en un langage clair et précis, des conseils propres à établir entre les missionnaires une entière communauté de sentiments et une pleine conformité de doctrine, tout en laissant la liberté d'action nécessaire à des hommes dont la parole s'adresse à des peuples différents. Une idée domine ce travail : la sanctification du missionnaire par le salut des chrétiens et le salut des chrétiens par la sanctification du missionnaire. Dédié au pape Clément IX, le livre des *Instructions apostoliques* fut approuvé par la Propagande et imprimé à Rome pour la première fois en 1669.

Ensuite, en face des difficultés de la tâche qui leur incombait, Mgr de Lamothe-Lambert proposa aux nouveaux missionnaires de former une congrégation dont les membres, soumis à un supérieur général, ajouteraient aux trois vœux ordinaires de Religion plusieurs autres vœux, afin d'atteindre une plus haute perfection.

Sur la demande de tous, Mgr Pallu partit alors pour Rome. Son voyage avait un triple but : faire confirmer et amplifier les pouvoirs donnés aux Vicaires Apostoliques et faire étendre leur juridiction sur le royaume de Siam qui, par sa situation et la liberté dont y jouissait le catholicisme, devait être le centre d'action des nouveaux évêques; montrer au Souverain Pontife la nécessité de prescrire quelques règles de discipline, afin de réformer ou de prévenir les abus auxquels le grand éloignement de Rome exposait les Églises de l'Extrême-Orient ; obtenir l'approbation du livre des *Instructions apostoliques* et du plan de congrégation exposé par Mgr de Lamothe-Lambert. Dans ses lettres, Mgr Pallu n'a qu'une ligne pour parler de son départ : c'est un sanglot qui se termine par un acte de résignation. « Mon cœur, dit-il, ne pouvait s'éloigner de ces pauvres âmes abandonnées sans une extrême violence, mais je fermai les yeux à tout pour ne regarder que les ordres de Dieu. »

Après avoir déjoué les ruses et lutté contre les violences des Portugais qui essayèrent de l'enlever, afin, disaient-ils, de l'envoyer prêcher dans les prisons de Goa, Mgr de Lamothe-Lambert, resté à Siam, envoya M. Deydier au Tong-King, M. Chevreuil au Cambodge et MM. Hainques et Brindeau en Cochinchine; lui-même les y suivit en 1669.

Envoyé pour fonder des églises, il voulut donner à ces églises tous les moyens d'action et tous les éléments de succès, en même temps, montrer aux païens toutes les grandeurs et toutes les noblesses du Christianisme.

M. Deydier avait déjà préparé d'anciens catéchistes au sacerdoce ; Mgr de Lamothe-Lambert les ordonna ; il resserra les liens de la discipline parmi les catéchistes ;

près du prêtre combattant au grand jour, il plaça la religieuse, priant au fond de son cloître et établit les Amantes de la croix. Puis, dans le synode de Dinh-lien, il traça la division de la mission et les règles d'administration des chrétientés.

A peine revenu à Siam, où il avait à s'occuper du Séminaire Général, il assigna leur poste de combat à MM. Mahot, Bouchard, Guyart, Savary, Vachet, Langlois, Forget, de Courteaulin, de Chantebois, Sevin, Gayme, les nouveaux missionnaires que le Séminaire de Paris venait de lui envoyer, et il repartit ensuite pour la Cochinchine. Quelques mois plus tard cette mission possédait la même organisation que celle du Tong-King.

II

Pendant ce temps, Mgr Pallu obtenait à Rome tout ce qu'il était allé solliciter, excepté l'approbation de la Congrégation conçue par Mgr de Lamothe-Lambert. Sur ce sujet, comme sur tous les autres, il n'y avait qu'à obéir, il ne fut point question d'autre chose.

A son passage à Paris, Mgr Pallu s'occupa de nouveau des questions politiques et commerciales qui pouvaient avoir pour la France une véritable utilité. Dans ses entretiens avec le roi, dans ses lettres et dans ses mémoires aux ministres, il explique que Siam, placé entre l'Inde et la Chine, possédant deux golfes munis de ports sûrs et commodes, devait être la base d'opération de la France; il indique les bases d'un traité entre le Portugal et la France, il insiste sur l'utilité et la facilité de fonder des établissements en Cochinchine et au Tong-King, il demande des aumôniers pour les comptoirs français de l'Inde, et, afin de commencer l'entreprise, il emporte une lettre de Louis XIV, qui flattera l'orgueil du roi de Siam et le disposera à accorder une protection plus grande aux chrétiens et une aide plus efficace aux commerçants.

De retour à Juthia, il réussit à avoir une audience royale pour lui et pour Mgr de Lamothe-Lambert, malgré les réclamations des mandarins et la malveillance des Hollandais et des Portugais; il y reçoit tous les honneurs dus à l'ambassadeur du grand roi et toutes les promesses que son zèle apostolique et son patriotisme pouvaient désirer; il assiste au sacre de Mgr Laneau et il part pour le Tong-King. Jeté par la tempête sur les côtes de Manille, il est arrêté par les Espagnols, dont la jalousie s'éveille à la vue des progrès des missionnaires français; retenu prisonnier pendant près d'une année, il est ensuite conduit en Europe. A peine en liberté, il vole à Rome, repousse victorieusement les prétentions que le Portugal élevait de nouveau, fait nommer évêque de Basilée, un prêtre indigène, Grégoire Lopez; Vicaires Apostoliques du Tong-King, MM. Deydier et de Bourges; reçoit, ainsi que Mgr de Lamothe-Lambert, le titre d'administrateur général des Missions de Chine et de l'Indo-Chine, vient ensuite à Paris donner aux prêtres chargés du Séminaire d'utiles conseils sur la direction de cette Maison et sur l'organisation de la Société, et aux ministres de nouveaux renseignements sur les affaires d'Extrême-Orient, et il repart pour les Missions,

Quand il arriva à Siam, Mgr de Lamothe-Lambert n'était plus. Après avoir lutté pendant près de vingt ans contre les Portugais pour sa liberté et celle de ses missionnaires, obtenu des rois de Cochinchine et du Tong-King la tolérance religieuse, organisé toutes les Missions d'Indo-Chine et préparé l'alliance de la France avec le roi de Siam ; après avoir donné à tous l'exemple du zèle le plus ardent et de l'humilité la plus vraie en même temps que de la plus héroïque fermeté, le Vicaire Apostolique de la Cochinchine était mort le 15 juin 1679.

Mgr Laneau reçut le titre d'administrateur général à la place de Mgr de Lamothe-Lambert et Mgr Pallu partit pour la Chine : à peine y était-il depuis quelque temps, qu'à son tour, il se couchait dans la tombe. Avant de mourir, il écrivait aux Directeurs du Séminaire ces lignes qui résumaient son existence tout entière et dont l'accomplissement assurait la vitalité de son œuvre : « Si j'avais une chose à vous recommander, ce « serait l'union et la charité entre vous, les Vicaires « Apostoliques et les missionnaires ; tant que la cha- « rité sera dans la Mission tout ira bien ; ce sera le « principal objet de mes prières et de mes vœux « quand je serai devant Notre-Seigneur. » Et plus loin, il ajoutait : « Que rien ne nous sépare, ni la pau- « vreté, ni les dangers, ni les croix, ni les oppositions ; « faisons tout par charité et avec charité. » Tels furent les derniers adieux de Mgr Pallu à ceux qui depuis trente ans étaient ses collaborateurs et ses amis, qui l'a- vaient soutenu dans toutes ses luttes, aidé dans tous ses besoins, assisté dans toutes ses entreprises. C'est un testament que les successeurs du grand évêque ont été trop heureux de respecter. Mgr Pallu expira le 29 octobre 1684, dans la petite paroisse de Moyang, province du Fo-Kien, où son corps repose en attendant le jour de l'éternelle résurrection.

Ainsi venaient de disparaître, l'un après l'autre, les deux hommes qui ont laissé dans l'histoire des Missions, au dix-septième siècle, la trace la plus lumineuse et le sillon le plus profond.

Leur action avait été double : action sur la Société des Missions-Étrangères et action sur les Missions. Plus que tout autre, en effet, ils avaient travaillé à la fondation de la Société; quand elle fut fondée, ils s'étaient occupés de son organisation, ils lui avaient donné son esprit par leurs institutions apostoliques et les principes de son règlement par leurs avis, par l'établissement, à Siam, d'un conseil composé des procureurs des Missions, d'un Séminaire Général; et, avec le concours de leurs associés restés en France, par la fondation du Séminaire de Paris.

Dans les Missions, leur action n'avait pas été moindre; ils avaient sacré 6 évêques, ordonné 30 prêtres indigènes; les 70 missionnaires européens qu'ils dirigeaient les avaient aidés à établir 9 couvents de religieuses, à discipliner 300 catéchistes et à baptiser 40,000 païens. Cependant ce n'était là que le petit côté de leur œuvre; leur véritable gloire est d'avoir appliqué et fait triompher le principe fécond de l'organisation des églises par les prêtres indigènes et par les évêques.

Depuis cette époque, l'apostolat, dans sa marche progressive, a suivi ce même plan avec une rigoureuse fidélité et un succès croissant, non seulement en Asie, mais encore en Afrique, en Amérique et en Océanie; partout où il porte ses pas, partout il adopte cette organisation qui, sur l'ordre de Rome, eut pour premiers ouvriers les fils premiers nés de la Société des Missions-Étrangères.

CHAPITRE IV

(1700)

I

Plus de quarante années s'étaient écoulées depuis le jour où le pape Innocent X avait, en nommant les premiers Vicaires Apostoliques, donné naissance à la Société des Missions-Étrangères. Cette Société avait dignement répondu aux espérances fondées sur son zèle et sur sa fidélité, il lui manquait encore un règlement définitif qui lui donnât la stabilité, en déterminant les devoirs, les droits et les attributions de chacun de ses membres. Ce fut l'œuvre des années suivantes.

En 1698, quatre missionnaires envoyés en Europe par leurs évêques, habitaient le Séminaire de Paris : c'étaient MM. Delavigne, missionnaire au Tong-King, ensuite procureur à Pondichéry ; de Cicé, missionnaire en Chine ; Labbé, missionnaire en Cochinchine, et Pocquet, missionnaire à Siam. Les directeurs du Séminaire étaient MM. de Brisacier, Tiberge, Tremblay et Prioux.

Tous les huit se réunirent pour travailler à la rédaction du règlement.

La Providence avait bien choisi; les uns avaient l'expérience des besoins des missions, et les autres, une pleine et entière connaissance de tout ce qui concernait le Séminaire et les questions d'administration générale.

D'ailleurs, ils n'avaient point à faire, de toutes pièces, une constitution nouvelle, mais seulement à rédiger, en la forme ordinaire d'un règlement, les institutions et les usages déjà existants, en y introduisant quelques modifications réclamées par l'expérience. C'est ce qu'ils firent, et leur travail n'a subi jusqu'à ce jour aucun changement essentiel.

Avant tout, ils s'inspirèrent des deux principes généraux qui sont le fondement de l'organisation de la Société.

Le premier principe était de conserver à la Société son caractère d'association séculière. La Société, en effet, avait été instituée pour fonder en Extrême-Orient des églises sur le modèle de toutes les églises établies; ses membres ne devaient donc pas avoir d'autres supérieurs que les évêques, pas d'autre discipline que la discipline ecclésiastique ordinaire, pas d'autre esprit que l'esprit apostolique pris en sa forme la plus généreuse et la plus indépendante de tout esprit de corps particulier, pas d'autres vœux que ceux de leur sacerdoce. « Là, comme le dit Bossuet, au sujet de l'Oratoire, une sainte liberté fait un saint engagement. »

Au jour de leur départ, cependant, prosternés aux pieds des saints autels, en présence de leurs pères dans le sacerdoce et de leurs frères dans l'apostolat, les missionnaires font la solennelle promesse de persévérer jusqu'à la mort dans leur sainte vocation ; d'ailleurs n'y a-t-il pas pour arrêter en eux toute pensée de retour, moins forts que cette promesse, mais par certains côtés plus doux, les intimes et ineffables bonheurs de la vie d'apôtre ? Et si des circonstances plus puissantes que toute volonté humaine les ramènent dans leur patrie, ils gardent au cœur, avec l'amère souffrance d'un noble et saint espoir trompé, l'ardent désir d'aller travailler encore ou mourir sur la terre qui reçut les prémices de leur sacerdoce et de leur apostolat.

Le second principe était l'unité dans le gouvernement. La Société des Missions-Étrangères est formée du Séminaire de Paris et d'autant de corps qu'il y a de Missions. Tous ces corps sont placés dans des milieux différents, ils ont à lutter contre des difficultés spéciales : ce qui convient à l'un peut souvent nuire à l'autre ; il fallait donc laisser à leur vie toute sa liberté, à leur action tout son essor, à l'autorité des supérieurs particuliers toute sa vigueur ; mais, en même temps, il fallait unir tous ces corps, et les faire participer aux bienfaits de la centralisation par l'établissement d'une sorte de pouvoir exécutif, mandataire des supérieurs, lien commun de tous les membres de la Société, gardien de ses lois et de ses intérêts. Mgr Pallu et Mgr de Lamothe-Lambert avaient essayé de répondre à cette nécessité en créant à Siam un conseil composé de quatre missionnaires représentant les quatre missions de Chine, du Tong-King, de la Cochinchine et de Siam. Les rédac-

teurs du règlement pensèrent, que tout en gardant ce
conseil, il valait mieux le placer au Séminaire de
Paris. Les raisons alléguées avaient une haute valeur,
elles furent écoutées. Le Séminaire, en effet, est en rapports faciles avec Rome, centre de la doctrine; il est
établi en France, centre des ressources; il a la stabilité, qui manque aux Vicaires Apostoliques révocables
selon la volonté des Souverains Pontifes; c'est par
le Séminaire que l'on entre dans la Société, par le
Séminaire que les Missions entretiennent entre elles
toutes les relations nécessitées par les questions d'intérêt général; il est donc le point où viennent aboutir
toutes les lignes de la circonférence. Au-dessus des
Vicaires Apostoliques et au-dessus du Séminaire,
comme la clef de voûte de cet édifice religieux, est
placée la Sacrée Congrégation de la Propagande, et
par elle le Souverain Pontife. Ainsi tout est parti de
Rome, tout y retourne, et c'est sur les lèvres du Pontife
universel que la Société puise sa force, sa lumière et sa
vie.

II

Après avoir posé ces deux principes fondamentaux,
les rédacteurs du règlement commencèrent leur travail.
Ils exposèrent d'abord le but de la Société et la marche
à suivre pour l'atteindre : « 1° former à la cléricature
« les sujets qui en seront trouvés capables ; 2° pren-
« dre soin des nouveaux chrétiens ; 3° travailler à la
« conversion des infidèles, en sorte que le premier

« emploi soit toujours préféré au second et le second
« au troisième. » Passant au gouvernement de la
Société, le règlement statue ainsi : Les évêques Vicaires
Apostoliques, les supérieurs des Missions et le conseil
des directeurs du Séminaire sont les supérieurs de la
Société. Le changement de quelques points du règlement appartient aux supérieurs et aux missionnaires.
La fondation d'établissements communs est réservée aux supérieurs. Les directeurs du Séminaire
sont chargés de la formation des aspirants à l'apostolat, des intérêts généraux de la Société, de l'envoi
des missionnaires, de la répartition des dons et des
secours offerts aux missions. D'après une modification
introduite dans le règlement, ils sont choisis parmi les
missionnaires et chaque groupe de missions est repré-
senté par l'un d'entre eux. Les évêques Vicaires Apostoliques sont nommés par le Souverain Pontife, sur la
présentation des missionnaires et des directeurs du
Séminaire; dans leurs missions, ils ne relèvent que de la
Propagande; ils sont directeurs-nés du Séminaire.

Aucun sujet, âgé de plus de trente-cinq ans, ne peut
être admis au Séminaire ; aucun ne peut être reçu
membre de la Société avant d'avoir passé deux ans en
mission. Ce point du règlement a été modifié: il faut
maintenant trois ans.

Un chapitre traite des rapports des supérieurs de
mission avec leurs prêtres ; un autre, de la vie spirituelle
des missionnaires ; ce dernier chapitre est l'exposé des
vertus et des devoirs des ouvriers apostoliques : l'oraison, les lectures pieuses, les examens de conscience, la

confession bi-mensuelle, tout ce qui, en un mot, sert à façonner ou à conserver l'homme intérieur ; ensuite vient l'énumération des causes pour lesquelles on peut être exclu de la Société.

Tels sont les principaux points de ce règlement, où la simplicité s'allie à la grandeur, la douceur à une juste sévérité, le respect de l'autorité au respect de la liberté individuelle, les conseils de la perfection religieuse aux préceptes de la vie apostolique et aux pratiques du clergé séculier. Il n'a point pour auteur l'intelligence et la volonté d'un seul homme, mais l'intelligence et la volonté de plusieurs qu'anime le plus vrai et le plus sincère esprit apostolique ; il n'impose rien par vœu, mais tout par amour. Trois mots pourraient résumer son origine, ses moyens et son but : *Per fidem ad charitatem et per charitatem ad unitatem :* La foi l'a fait naître, la charité le fait vivre et l'unité le couronne.

CHAPITRE V

LA SOCIÉTÉ DES MISSIONS-ÉTRANGÈRES
PENDANT LE XVIIIe SIÈCLE

(1684-1822)

« Le sel de la terre s'était affadi, les lampes du Sei-
« gneur s'étaient éteintes, et les pierres du sanctuaire
« se traînaient sur les places publiques. » C'est Massillon qui parle, il décrit le dix-huitième siècle; est-il
nécessaire d'ajouter qu'à cette époque l'élan vers les
missions se ralentit et que les apôtres sont rares? « Des
« ouvriers, des ouvriers, je vous en prie, monsieur, nous
« succombons et personne ne vient à notre secours ;
« mais des ouvriers zélés, courageux, constants, morts
« à eux-mêmes et au monde. » Ainsi écrit M. Corre au
supérieur du Séminaire, ainsi écrivent tous les missionnaires. Mais Dieu veille sur son œuvre : il donne à ceux
qui la soutiennent la vaillance et la sainteté pour suppléer au nombre. La Société des Missions-Étrangères
subsiste, elle prospère, elle s'affermit de plus en plus,
et reçoit la seule consécration qui lui manque encore,
celle du temps.

I

Mgr Pallu et Mgr de Lamothe-Lambert, nous l'avons dit, avaient fait triompher le principe de l'organisation des Missions par les évêques ; grâce à l'application que les Souverains Pontifes font de ce principe, le champ confié à la Société se restreint et ses limites se déterminent. La juridiction des premiers Vicaires Apostoliques s'était étendue à l'Indo-Chine, excepté Malacca, à la Chine, à la Tartarie, à la Corée et au Japon ; mais en 1658, il n'y avait pas un seul évêque missionnaire en Extrême-Orient. Trente-huit ans plus tard, en 1696, l'Indo-Chine comptait quatre évêques Vicaires Apostoliques ; la Chine, outre les deux évêchés de Péking et de Nanking, était partagée en huit vicariats apostoliques, presque tous administrés par des évêques. La Société des Missions-Étrangères était chargée de Siam, de la Cochinchine, du Tong-King, et de trois provinces chinoises, le Kouy-Tchéou, le Yun-Nan et le Sut-Chuen.

Tel est le théâtre où la Société a déployé son zèle et où aujourd'hui encore ses enfants, dignes de leurs ancêtres, travaillent, souffrent et meurent pour la cause de Dieu et de l'Église.

Nous allons jeter un coup d'œil rapide sur l'état de ces missions pendant le dix-huitième siècle et les premières années du dix-neuvième, jusqu'à l'établissement de la Propagation de la Foi en 1822.

Nommé en 1696 Vicaire Apostolique du Sut-Chuen, Mgr de Lionne fut sacré à Canton le 30 novembre 1699.

Il se disposait à se rendre dans sa mission, lorsque de graves et pressantes affaires le rappelèrent à Rome ; ses deux missionnaires, MM. Basset et de la Balluère, partirent seuls. A peine arrivés au Sut-Chuen, un ordre de l'empereur Kang-Hi les condamna à retourner à Canton. M. Leblanc, nommé supérieur de la mission du Yun-Nan, y pénétra en 1702 avec M. Danry ; ils trouvèrent quatre chrétiens ; au bout de cinq ans ils en comptaient mille. La persécution les chassa, et M. Leblanc, qui venait d'être nommé évêque de Troade, mourut dans les montagnes du Fo-kien [1].

La Chine tout entière était alors profondément agitée par les discussions sur la question des Rites. Nous n'en dirons rien, sinon que les membres de la Société des Missions-Étrangères se montrèrent toujours les défenseurs de l'opinion que, le 11 juillet 1742, par la célèbre bulle *Ex quo singulari*, Benoît XIV déclara la seule vraie.

Au moment où cette question fut tranchée, Mgr Enjobert de Martillat était à la tête du Sut-Chuen. De sa trop courte administration, il resta le germe d'une œuvre précieuse, l'institut des Vierges-Chrétiennes. Toutefois, c'est à partir de 1765 et du sacre de Mgr Pottier que date véritablement l'existence de cette mission. Mais quels hommes aussi que ceux qui pendant cinquante ans, de 1765 à 1815, travaillèrent à établir le règne de Dieu dans ce te contrée. Le premier par l'âge, par la

[1] La province du Fo-kien, confiée pendant quelque temps à la Société des Missions-Étrangères, fut, à la mort de Mgr Maigrot, donnée à l'Ordre de Saint-Dominique.

dignité, par le zèle, était Mgr Pottier, « un évêque d'or, « disait un de ses prêtres, quoiqu'il porte une crosse « de bois. » Il faisait douze lieues par jour, couchait sur la dure, mangeait à peine ; toujours doux, toujours poli de cette politesse que l'on a tant admirée dans le clergé de France. Les missionnaires étaient dignes de leur chef : c'étaient M. Alary, observateur judicieux, âme vraiment sacerdotale, qui reviendra au Séminaire de Paris enseigner les vertus apostoliques aux aspirants des missions ; M. Gléyo, l'ancien supérieur de la petite communauté de Saint-Sulpice, si volontiers dédaigneux des moyens et des raisonnements humains, favorisé de visions merveilleuses et plongé dans une oraison continuelle ; M. Moye, esprit actif, fécond, toujours en éveil, pratiquant le bien, cherchant le mieux, à trente ans, simple vicaire de Metz, il fondait la congrégation des Sœurs-de-la-Providence, à quarante ans, au fond du Sut-Chuen, il donnait une nouvelle vie à l'Institut des Vierges-Chrétiennes ; MM. Delpont et Devaux, deux prêtres pieux, modestes et zélés ; M. de Saint-Martin, intelligence ferme, « pour qui l'ordre et la mesure étaient la « pierre de touche de la sagesse » ; M. Hamel, qui dépensa quarante ans dans l'obscur, mais fécond et saint labeur de la formation du clergé indigène; M. Taurin-Dufresse, qui cachait sous un extérieur froid un coup d'œil sûr et élevé, une générosité de tous les instants et une inébranlable persévérance.

Le nombre des chrétiens du Sut-Chuen s'élève alors à quatre mille. Les missionnaires ont à lutter contre toutes sortes de difficultés. M. Gléyo reste huit ans en prison ; à peine libre, il s'élance vers les régions inconnues du Yun-Nan pour y porter la foi. M. Moye est à plusieurs reprises chassé du Kouy-Tchéou. M. Delpont et M. Devaux meurent dans les cachots de Péking. M. de Saint-Martin, devenu évêque à la mort de Mgr Pottier, est exilé avec M. Dufresse. N'importe, l'œuvre avance : quarante mille païens sont baptisés, des écoles sont établies, des livres de prières et de doctrine sont composés, des catéchistes sont formés, dix-sept prêtres indigènes sont ordonnés; Mgr Dufresse succède à Mgr de Saint-Martin, et le synode du Sut-Chuen vient couronner tous ces efforts, consacrer tous ces résultats, et compléter l'organisation de la mission. Puis, lorsque le dernier des ouvriers a posé la dernière pierre, Dieu lui demande son sang comme un ciment précieux et fort qui donnera à l'édifice sa solidité, l'assurera contre les tempêtes de l'avenir, et le 14 septembre 1815, Mgr Gabriel Taurin-Dufresse, évêque de Tabraca, Vicaire Apostolique du Sut-Chuen, du Yun-Nan et du Kouy-Tchéou, est condamné à mort et exécuté au moment où l'Église catholique, exaltant la croix du Seigneur, fait retentir ce chant de triomphe : « Fuyez, troupes « ennemies, le lion de la tribu de Juda, le rejeton de « David a remporté la victoire. »

II

Des succès de la mission du Sut-Chuen, il nous faut passer aux désastres de la mission de Siam.

En 1687, les missionnaires de Siam avaient conçu de

grandes espérances et obtenu de merveilleux résultats.
La France était établie sur les bords du Meinam, ses
soldats occupaient Bangkok, Mergui et l'île de Jongselang ; Mgr Laneau était le conseiller toujours écouté
de Phra-Naraï, et la liberté religieuse avait été plusieurs
fois proclamée. En quelques heures, par l'ambition
d'un mandarin, l'orgueil d'un ministre et la mala-
dresse d'un officier supérieur, tout fut anéanti. Le roi
fut détrôné, les Français chassés, l'évêque fait prisonnier, le catholicisme proscrit. Deux missionnaires,
MM. Genoud et Jorret, firent alors une tentative d'évangélisation au Pégou : tous les deux furent massacrés.
Où et comment ? Nul ne le sait, et la Société n'a point
la consolation de saluer de ses hommages le jour de la
naissance au ciel de ses premiers martyrs.

Mgr de Cicé, de 1700 à 1727 ; Mgr de Kerlay, de 1727
à 1736, essayèrent de cicatriser les blessures faites à
leur vicariat ; ils se heurtèrent à une malveillance
générale. A force d'inaltérable patience, de services
rendus et d'inépuisable générosité, ils réussirent cependant à s'attirer quelque sympathie, et Mgr Brigot
recueillait le fruit de leurs travaux, lorsqu'en 1765,
une invasion de Birmans vint ruiner le royaume et
la mission. L'évêque fut emmené prisonnier à Rangoon,
en Birmanie, avec plusieurs de ses prêtres. Il avait pu
sauver du pillage quelques objets ; il les vendit l'un
après l'autre pour nourrir ses compagnons de captivité.
Mais un jour, il chercha en vain, il ne possédait plus
qu'une mauvaise soutane et un pantalon de toile ; les
malheureux allaient donc mourir de faim ? Subitement

il se souvient qu'au moment du danger il a caché dans ses vêtements son anneau épiscopal, signe béni de son alliance avec l'Église de Siam ; il le prend, le baise une dernière fois et le donne pour quelques boisseaux de riz ; maintenant, c'était bien fini : il n'avait plus rien.

Lorsque Mgr Lebon, le coadjuteur de Mgr Brigot, M. Corre, M. Garnault et M. Coudé rentrèrent à Siam, des douze mille chrétiens baptisés par leurs prédécesseurs, ils en retrouvèrent mille. La mission était détruite, ils tentèrent de la rétablir. Le roi Phaja-Tak les arrêta, il fit jeter en prison MM. Garnault et Coudé. Ce roi Phaja-Tak avait de bonnes intentions : — Je voudrais conduire tout le monde dans le droit chemin, disait-il, les chrétiens refusent, ils se perdront, c'est leur affaire. Heureusement ses successeurs n'eurent pas un prosélytisme aussi ardent : sous la conduite de Mgr Garnault, sacré évêque de Métellopolis, les missionnaires purent reprendre leurs travaux. En 1809, une nouvelle catastrophe apporta le deuil parmi eux ; les Birmans reparurent à Jongselang. Ils s'emparèrent du missionnaire de ce poste, M. Rabeau : — Qui es-tu ? lui demandèrent-ils. — Je suis un prêtre du Dieu vivant, et je n'ai jamais fait de mal à personne, répondit-il. Les Birmans le jetèrent à la mer.

C'était le dernier acte des tragédies multipliées qui depuis plus d'un siècle désolaient la mission de Siam. Désormais la paix va régner et permettre aux ouvriers apostoliques de réparer les désastres du passé. Sur son lit de mort, Mgr Garnault, plus heureux que ses prédécesseurs, pourra, de son dernier regard, saluer les signes précurseurs d'une résurrection prochaine.

III

Guerres entre la Cochinchine et le Tong-King, guerres de la Cochinchine contre Siam et le Cambodge, révolte des Chinois au sud, des tribus sauvages au nord, et enfin conquête de tout le royaume par les rebelles Tây-Son, tel est l'état politique de l'Annam pendant le dix-huitième siècle. Malgré ces bouleversements, les missionnaires continuent leur œuvre; s'ils ont des jours d'angoisses, ils ont aussi des heures de triomphe. En Cochinchine, sous Minh-Vuong, MM. Gouges, Detréchy, Sennemand, Ferret, Langlois, de Capponi, languissent pendant plusieurs années dans les fers. En 1745, sous le règne de Vo-Vuong, leurs successeurs, MM. Dupuy, Delacour, d'Azéma jouissent de la liberté la plus complète, ils peuvent déployer à travers les rues de la capitale toutes les magnificences du culte catholique, pendant que, des fenêtres de son palais, le roi admire les illuminations de la nuit de Noël ou écoute les hymnes de la Fête-Dieu.

Bientôt tout change : à son tour, Vo-Vuong devient persécuteur. En 1750, dans la nuit du 26 au 27 août, vingt-cinq missionnaires jésuites, franciscains, dominicains, prêtres de la Société des Missions-Étrangères et de la Propagande traversent entre deux haies de soldats les rangs pressés de leurs chrétiens en pleurs : ils partent pour l'exil. Le P. Koffler, médecin du roi, et quelques prêtres annamites restent seuls pour tenir tête à l'orage. Mgr Lefèvre, évêque de Noélène, meurt au Cambodge. Plus heureux, son successeur, Mgr Piguel, réussit à rentrer en Cochinchine.

Sans jouir d'une absolue tranquillité, la mission du Tong-King fut moins troublée. Son premier évêque, Mgr de Bourges, mourut le 9 août 1714 à Siam, loin d'un pays qu'il avait évangélisé pendant plus d'un demi-siècle et dont un caprice du roi Le-du-tong l'avait exilé dix-huit mois auparavant. Ses deux successeurs, Mgr Belot et Mgr Guisain, ne firent que passer. A Mgr Néez, évêque de Céomanie, fut réservé l'honneur de conduire la mission de 1723 à 1764. Il avait avec lui cinq ou six prêtres européens, une vingtaine de prêtres indigènes et gouvernait 120,000 chrétiens. Il eut à subir une seule persécution véritablement redoutable, en 1736. Dieu lui accorda la joie de voir ses chrétiens confesser courageusement leur foi et les prêtres formés et ordonnés par lui marcher fièrement au supplice, heureux de donner leur vie pour Jésus-Christ.

Mgr Reydellet lui succéda. Des jours de tristesse, de sang et de larmes allaient se lever sur l'Annam. Les Tây-Son apparurent. En quelques années, de 1772 à 1782, ils chassèrent les rois de Cochinchine et les rois du Tong-king, se rendirent maîtres du royaume depuis le golfe de Siam jusqu'aux frontières de Chine, et sur les ruines de tous les pouvoirs établis plantèrent le drapeau de la révolte et du brigandage triomphants.

Un évêque français brisa cette étonnante fortune et rendit à l'Annam la paix et la prospérité.

Mgr Georges Pigneaux de Béhaine, évêque d'Adran, était de la race de ces grands missionnaires dont Mgr Pallu avait été le modèle. Travailler pour Dieu, pour l'Église et pour la France fut le but de sa vie. Nous avons sous les yeux son portrait peint en 1787. La figure est large, presque ronde, le front découvert, l'œil est gris, clair et vif, il attire et il domine, les lèvres minces et accentuées semblent laisser passer une ironie entre deux sourires ; ce qui frappe dans cette physionomie, c'est la dignité et la finesse. Le caractère a de la force, l'esprit de la souplesse, il voit vite et loin, plus lumineux, qu'enthousiaste, il reste maître de lui, il se livre quand il veut ou plutôt quand besoin en est, il sonde le terrain avant de s'y placer et il s'y tient en garde, il est patient dans les grandes choses et doux dans les petites ; en toutes, raisonnable, discret et judicieux.

Il fuyait avec les élèves du séminaire la persécution allumée par les Tây-Son, lorsqu'il rencontre, proscrit et exilé comme lui, le dernier descendant des rois de Cochinchine, Nguyên-Anh. Il lui donne asile, et apprenant qu'il est question de demander le secours du Portugal, de la Hollande ou de l'Angleterre, il offre celui de la France, le fait accepter et vient à Paris. Au nom des intérêts de la politique et du commerce français, il obtient l'envoi en Cochinchine de quelques hommes et de quelques navires, signe un traité qui nous donne l'île de Poulo-Condor et le port de Tourane et repart aussitôt. A Paris tout avait réussi, à Pondichéry tout échoue ; le gouverneur refuse d'obéir aux ordres de Louis XVI. L'évêque ne se décourage pas, il demande au patriotisme des négociants français de l'Inde de faire honneur à la signature du roi de France ; ses paroles sont écoutées, ses projets applaudis, ses plans soutenus, et en 1790 il arrive à Saïgon avec deux vaisseaux chargés d'armes, de munitions et d'approvisionnements, montés par des officiers actifs, intelligents et dévoués.

Mgr de Béhaine mourut le 9 octobre 1799, sans avoir réalisé l'œuvre qu'il avait conçue. N'eût-elle eu qu'une chance de succès cependant, cette œuvre valait la peine qu'on y songeât et qu'un homme y consacrât sa vie. Elle avait un triple but : le développement du christianisme, l'extension de la France en Extrême-Orient et le rétablissement de Nguyên-Anh sur le trône. Le dernier but et le moins important fut seul complètement atteint ; les deux autres ne le furent que partiellement. Le protégé de Mgr de Béhaine devint, sous le nom de Gia-long, souverain de tout l'Annam ; la France fut crainte et respectée sur ces lointains rivages, mais ne s'y établit pas ; l'Église annamite ne vit point un nouveau Constantin s'asseoir sur le trône, mais elle eut trente années de paix et de liberté pour panser ses blessures et préparer à de nouveaux combats ses dix missionnaires européens, ses soixante-dix prêtres indigènes, ses quatre cents catéchistes, ses cinq cents religieuses et ses deux cent mille chrétiens.

IV

Ainsi marchait la Société, remplissant sa mission avec une infatigable persévérance sur toutes les terres qui lui étaient confiées. Depuis quelques années, son champ de bataille s'était agrandi.

Le 30 septembre 1776, un bref du Souverain Pontife, Pie VI, lui avait donné les missions des Jésuites dans l'Inde avec Mgr Brigot, l'ancien Vicaire Apostolique de Siam, pour supérieur. Le fardeau était lourd, les difficultés immenses : outre les difficultés inhérentes à l'apostolat en général, il y avait des difficultés spéciales pour des Français, à une époque où l'Angleterre et la France se disputaient l'empire des Indes. La Providence pourvut à tout, elle donna aux missionnaires la prudence pour éviter les obstacles et le zèle pour les vaincre; sous la direction de Mgr Brigot d'abord, de Mgr Champenois et de Mgr Hébert ensuite, MM. Mathon, Jalabert, Serizier, Bourgoing, Grand-Mottet, Dubois purent, sinon donner à l'évangélisation une extension considérable et fonder de nouveaux établissements, du moins conserver ce qui existait, garder au cœur de leurs néophytes la foi vive et pure, soutenir leur séminaire et quelques écoles, entretenir la ferveur dans leurs communautés religieuses. Ils préparaient ainsi l'avenir. Viennent la paix, des secours, des prêtres, et ces œuvres si humbles, mais si précieuses, ces paroisses si rares, mais si fidèles, prendront le plus rapide et le plus brillant développement, comme ces arbres dont les branches sont d'autant plus nombreuses, les fleurs plus parfumées, les fruits plus savoureux que la semence a plus longtemps puisé, silencieuse et ignorée, les sucs d'une terre forte et d'un sol vigoureux.

V

Si, dans l'Extrême-Orient, la Société des Missions-Étrangères ressentait vivement l'influence de la Révolution française, si le nombre des missionnaires diminuait, si les ressources disparaissaient, en France, la situation était plus critique encore.

Pendant le dix-huitième siècle, les Directeurs du Séminaire avaient continué l'œuvre de leurs prédécesseurs ; ils avaient entretenu une correspondance suivie avec les évêques et les missionnaires, ils leur avaient donné et avaient reçu d'eux les conseils les plus propres à assurer la prospérité de la Société, ils leur avaient envoyé tous les secours que la charité leur offrait, ils avaient entretenu des procureurs à Rome, ils avaient préparé, dans le silence de la prière et de l'étude, de jeunes prêtres à l'apostolat : Dieu seul connaît toute l'abnégation et toute l'activité que demandent ces travaux si multiples et si féconds.

Les hommes les plus distingués s'étaient succédé au Séminaire : M. Tiberge y était mort en 1720, M. de Brisacier en 1736, M. de Montigny en 1743, MM. de Combal et Collombet en 1745 ; MM. de Vig, Baugmain, Lalanne, Burguerieu avaient recueilli leur héritage pour le laisser à d'autres prêtres non moins dévoués aux intérêts des missions.

Au commencement de la Révolution, le Séminaire des Missions-Étrangères comptait huit directeurs: MM. Hody, Bramany, de Beyriès, de Bilhère, de Chaumont, Alary, Blandin et Descourvières. En 1792, trois d'entre eux partirent pour l'Angleterre, deux se rendirent à Rome et les autres restèrent en France, à Amiens, où de généreux chrétiens leur offrirent une héroïque hospitalité; le Séminaire fut pillé et vendu; mais, dispersés ou réunis, les Directeurs n'interrompirent pas leurs travaux; et lorsque, sur leur demande, le 23 mars 1805, un décret de Napoléon rétablit le Séminaire, ils se retrouvèrent moins nombreux, car plusieurs étaient morts en exil, mais toujours unis dans une même pensée et prêts à tous les sacrifices. Leur premier soin fut de racheter le Séminaire. Ils cherchèrent ensuite de nouveaux ouvriers apostoliques. Volontiers ils se croyaient revenus aux beaux jours d'autrefois; ils se trompaient, hélas! Quatre ans plus tard, Napoléon commençait sa lutte contre l'Église, et, par un décret du 26 novembre 1809, il supprimait le Séminaire. Après la chute de l'Empire, Louis XVIII, le 2 mars 1815, cassa le décret de 1809 et remit en vigueur celui de 1805.

Tel fut, pendant le dix-huitième siècle et le commencement du dix-neuvième, l'état de la Société des Missions-Étrangères: tels furent les travaux, les souffrances et les succès de ceux qui se faisaient gloire d'être ses enfants; en Chine, un triomphe complet et si solidement établi qu'il semble défier toutes les tempêtes de l'avenir; à Siam, une ruine presqu'entière suivie d'un relèvement lent et difficile; en Cochinchine et au Tong-King, une alternative de liberté et d'oppression terminée par une paix glorieuse pour l'Église; aux Indes, nouveau territoire à évangéliser, le maintien de toutes les œuvres fondées par les Jésuites; en France, la continuation des travaux que n'interrompent pas même les horreurs de la Révolution.

Tout cela était le passé, les missionnaires pouvaient en être saintement fiers; mais l'avenir restait sombre : à peine la Société comptait-elle trente prêtres en Extrême-Orient pour suffire aux besoins de trois cent cinquante mille chrétiens et tenter la conversion de cent cinquante millions d'infidèles, à peine le Séminaire possédait-il trois ou quatre aspirants à l'apostolat.

Les missionnaires avaient vu leurs pressants appels se perdre au milieu du bruit des armes et des fanfares de victoire; ils étaient tombés les uns après les autres épuisés par la fatigue et le travail, et, à leur dernière heure, ils s'étaient demandé avec angoisse, si leur œuvre, fruit d'un siècle et demi d'efforts et d'abnégation, allait disparaître avec eux, ne laissant de son passage qu'une traînée lumineuse éclairant des ruines.

CHAPITRE VI

LA SOCIÉTÉ DES MISSIONS-ÉTRANGÈRES
PENDANT LE DIX-NEUVIÈME SIÈCLE.

(1822-1886)

Au quatrième siècle, Dioclétien chantait l'hymne de
mort de l'Église catholique, et le berceau de Constantin
était déjà préparé ; au seizième siècle, Luther arrachait
des nations à Rome, et Christophe Colomb lui donnait
un monde ; à la fin du dix-huitième siècle et au commencement du dix-neuvième, les missions agonisaient
sans ressources et sans ouvriers, et l'apostolat présente
depuis soixante ans toutes les floraisons du zèle,
toutes les ardeurs de la charité, toutes les sublimités
de l'héroïsme. Les églises s'élèvent et les échafauds se
dressent ; les évêques se multiplient, les prêtres abon-
dent en même temps que les martyrs ; les prisons
regorgent de captifs, les couvents de religieuses et les
séminaires de lévites ; les chrétiens sont proscrits et les
conversions augmentent ; d'immenses bonheurs et de
prodigieuses infortunes, des triomphes insignes et des
désastres inouïs : tout se précipite, se rencontre, se

heurte dans la rapide succession des faits les plus divers, des événements les plus inattendus et produit le développement des missions le plus éclatant et le plus merveilleux.

I

Plusieurs causes contribuèrent à ce développement. Nous ne parlerons pas de la grâce divine, qui est la vraie cause, et en un sens, l'unique ; mais seulement de ces causes humaines dont Dieu se sert et que la raison peut saisir.

La première est la charité, qui s'exerce en faveur de l'apostolat par deux œuvres principales : la Propagation de la Foi et la Sainte-Enfance.

Fondée en 1822, la Propagation de la Foi a établi en toute terre chrétienne la perception permanente de l'impôt volontaire qui paie la place du missionnaire sur le pont d'un navire, lui assure pendant quelques jours le « manteau de l'apôtre et le pain noir du prophète », lui prépare un asile et lui permet d'avoir un tombeau. La première année, elle recueillit quarante-deux mille neuf cents francs quarante-sept centimes.

Près de la Propagation de la Foi, comme une sœur cadette venant aider une sœur aînée, l'œuvre de la Sainte-Enfance s'établissait en 1843 et recevait vingt-cinq mille francs.

Les hommes dévoués qui dirigent ces œuvres travaillèrent avec une infatigable persévérance et un zèle véritablement apostolique à les établir solidement et à les développer ; ils fondèrent *les Annales de la Propaga-tion de la Foi*, *les Annales de la Sainte-Enfance*, *les Missions Catholiques*, qui font connaître les souffrances, les besoins et les succès des missionnaires.

Depuis lors, le budget de ces œuvres a considéra-blement augmenté ; il est cependant resté bien au-dessous des besoins des missions.

Les secours ainsi recueillis sont partagés entre tous les missionnaires du monde ; chaque évêque de la Société des Missions-Étrangères reçoit douze cents francs par an, chaque prêtre six cent soixante. Le reste de l'allocation donnée à chaque mission est destiné à soutenir les écoles, à entretenir les catéchuménats, à fonder des hôpitaux, à construire des églises.

Telle est la première cause du développement des missions : la seconde est la persécution.

Pendant le dix-septième et le dix-huitième siècle, les missions, nous l'avons vu, n'avaient pas joui d'une tranquillité complète ; plus d'une fois, les prêtres avaient été emprisonnés et les chrétiens mis à mort. Mais jamais il ne s'était élevé de persécutions aussi longues et aussi violentes que pendant le dix-neuvième siècle.

Au récit des souffrances et des triomphes des martyrs de la Cochinchine, du Tong-King, de la Chine, de la Corée, il se trouva de nobles cœurs qui tressaillirent d'enthousiasme et d'envie : cela leur sembla si beau et surtout si bon de donner jusqu'à la dernière goutte de leur sang pour Jésus, leur Roi, leur Dieu, le Crucifié du Calvaire ; ils vinrent nombreux et vaillants : à leur tour ils tombèrent sous la hache du bourreau ; d'autres leur succédèrent, et l'on put dire en vérité cette parole, plus hardie que celle de Tertullien : Le sang des martyrs est une semence d'apôtres.

La charité avait donné de l'or, la persécution des missionnaires, la science fit disparaître les distances ; elle réunit les Océans, elle facilita les communications ; en quelques jours, elle jeta par centaines les prédicateurs de l'Évangile, sur les terres classiques du boudhisme et du brahmanisme.

Aux prédicateurs il fallait la liberté, la politique la donna.

Au nom de l'industrie, du commerce, de la science, de l'honneur national, de l'humanité, au nom même de la religion, l'Europe parut en armes dans l'Extrême-Orient. La Chine fut vaincue, l'Annam conquis, le Japon ouvert : les missionnaires sortirent des catacombes et les chrétiens des cachots. A la France, fille aînée de l'Église, échut l'utile et glorieux privilége de protéger la liberté de l'apostolat.

Telles ont été, en notre siècle, les causes générales de la puissante vitalité du christianisme et de son rapide développement dans ces contrées lointaines.

Ce développement s'est effectué de trois manières : par la division des anciennes missions, par la création de missions nouvelles et par l'établissement d'œuvres nombreuses.

II

La Société des Missions-Étrangères a eu dans ce développement sa grande et large part. Mais les faits qui remplissent cette période de son histoire, sont trop complexes et trop multipliés pour qu'il nous soit possible d'en faire un récit même succinct. Nous devrons nous borner à enregistrer presque uniquement des noms et des chiffres.

En 1822, la Société possédait cinq missions : une aux Indes, trois en Indo-Chine et une en Chine. En 1886, elle en possède vingt-cinq.

La partie des Indes confiée à la Société en 1776 est devenue, en 1836, le vicariat apostolique de Pondichéry, dont on a détaché le Coïmbatour en 1845 et le Mayssour en 1850.

Ces nouvelles circonscriptions, dans les Indes aussi bien que dans les autres pays, ont été faites à mesure que le nombre des missionnaires et celui des chrétiens augmentait. Elles ont l'avantage de concentrer sur un territoire moins vaste les efforts des ouvriers apostoliques, par conséquent, de leur donner une efficacité plus puissante d'abord, une plus grande expansion ensuite, de permettre à l'évêque d'embrasser d'un coup d'œil l'ensemble et les détails, de porter un secours immédiat aux points les plus faibles ou les plus menacés.

Les missions de l'Inde se sont rapidement développées sous l'action des Vicaires Apostoliques que la Providence leur a donnés : Mgr Bonnand, Mgr Godelle, Mgr Laouënan, à Pondichéry ; Mgr Charbonneaux, Mgr Chevalier, Mgr Coadou, au Mayssour ; Mgr Dépommier, Mgr Bardou, au Coïmbatour. La paix religieuse n'a jamais cessé d'y régner, et le ministère du prêtre s'y exerce en toute liberté. Les deux synodes de Pondichéry tenus en 1844 et en 1849, le Directoire, rédigé par Mgr Laouënan, servent de base à l'organisation de ces missions et aux travaux des missionnaires.

A plusieurs reprises, d'épouvantables fléaux, famines ou inondations, les ont ravagées. On n'a pas oublié la famine de 1877, où plus d'un million d'hommes moururent de faim. Les missionnaires donnèrent jusqu'à leur dernier bol de riz, ils vendirent leurs livres et leurs vêtements afin de pouvoir offrir quelque soulagement aux affamés.

Partout, la souffrance et le malheur donnent l'accroissement et la ferveur aux Églises ; en certains pays ce sont les persécutions ; aux Indes ce fut la misère. Pendant l'année 1875, les missionnaires avaient baptisé deux mille cinq cent douze païens ; pendant les années 1877 et 1878, ils en baptisèrent soixante-six mille sept cent six.

III

Par son histoire religieuse et politique aussi bien que par les races qui l'habitent, l'Indo-Chine se divise en deux parties, l'Indo-Chine occidentale et l'Indo-Chine orientale.

C'est dans l'Indo-Chine occidentale que se trouve la mission de Siam, donnée à la Société en 1669. En 1841, cette mission fut partagée en deux vicariats apostoliques, celui de Siam, dont les missionnaires prêchent et convertissent aujourd'hui les populations du Laos et dont un des plus illustres évêques, Mgr Pallegoix, composa ce dictionnaire siamois-latin-français-anglais qui fait loi à l'École des langues orientales et sur les bords du Meinam ; et celui de Malaisie, dont le premier supérieur, Mgr Boucho, écrivit pour servir de règle de conduite à ses prêtres, ces belles lettres pastorales si singulièrement louées par le cardinal Fransoni, Préfet de la Propagande.

A l'ouest et au nord de Siam est située la Birmanie, confiée à la Société en 1856, et en 1870 divisée en trois missions dont deux seulement appartiennent aux Missions-Étrangères, la Birmanie septentrionale et la Birmanie méridionale.

L'attention des missionnaires de ces contrées s'est portée principalement sur les écoles. L'Angleterre est maîtresse à Siam presque autant qu'en Malaisie et en Birmanie, et le protestantisme y travaille avec ardeur ; il cherche à s'emparer de l'enfance, moins pour faire des adeptes que pour entraver l'action du catholicisme. La lutte est chaque jour plus vive, mais chaque jour aussi les missionnaires font des progrès ; les écoles de Rangoon et de Singapore font l'admiration de tous, celles de Bangkok les égaleront bientôt.

IV

L'Indo-Chine orientale comprend les missions de la Cochinchine et du Tong-King, dont la Société fut chargée en 1658. En 1844, la mission de Cochinchine fut partagée en deux, la Cochinchine orientale et la Cochinchine occidentale. En 1850, ces deux missions furent divisées en quatre : Cochinchine septentrionale, Cochinchine orientale, Cochinchine occidentale et Cambodge.

En 1846, le Tong-King forma deux missions, le Tong-King occidental et le Tong-King méridional.

Arrêtons-nous un instant pour contempler cette grande et puissante Église d'Annam. Sa tête est mutilée, mais elle resplendit de l'auréole des martyrs ; ses lèvres sont scellées, mais elles semblent encore murmurer une prière ou un chant d'actions de grâces ; son cœur est percé de glaives, mais il laisse échapper un sang généreux, véritable semence de chrétiens ; ses pieds sont dans des entraves et cependant ils la soutiennent toujours debout, ferme et indomptable. Les uns après les autres, presque tous ses prêtres tombent martyrs de Jésus-Christ. Ce sont : M. Gagelin, le provicaire de Cochinchine, qui le premier entre dans la lice en 1833 ; en 1835, M. Marchand qui subit le supplice des cent plaies ; en 1837, M. Cornay qui doit, pour obtenir quelques grains de riz, chanter devant ses juges « les « vieux et touchants cantiques appris au petit séminaire « de Montmorillon » ; M. Jaccard, le héros de cette épopée

sublime, où il est tour à tour prisonnier, condamné
à mort, gracié, interprète, géographe du roi, soldat,
exilé, maître d'école par ordre de Minh-Mang et enfin
étranglé le 21 septembre 1838 ; Mgr Borie, qui se met
à genoux devant son juge pour le remercier de lui avoir
apporté sa sentence de mort ; M. Schœffler, un fils de
l'Alsace, décapité en 1851 ; M. Bonnard martyrisé en
1852 ; Mgr Charbonnier, MM. Charrier, Berneux, Miche,
condamnés à mort et sauvés par un marin français ;
M. Néron, pour qui Dieu fit des miracles, décapité en 1860 ;
et trois mois après, c'est M. Vénard, le martyr aimé
de tous, dont il a été dit « que les abeilles ont voltigé
« sur ses lèvres et que l'aile des colombes a effleuré son
« front. » A leur tête, le plus grand de tous, apparaît
l'évêque d'Acanthe, Pierre-André Retord, qui mourra
de faim sur une montagne au milieu des tribus sauvages.

V

En Chine, le développement des missions avait été
aussi rapide qu'en Annam, et les persécutions, quoique
moins violentes, y avaient fait plus d'un martyr.

La mission du Sut-Chuen perdit, en 1840, la province
du Yun-Nan et, en 1846, celle de Kouy-Tchéou qui formèrent deux vicariats apostoliques ; en 1858, elle fut
elle-même divisée en deux et pendant l'année 1860 en
trois, sous les dénominations suivantes : Sut-Chuen
occidental, Sut-Chuen oriental et Sut-Chuen méridional.

4.

Les deux provinces du Kouang-Tong et du Kouang-Si, confiées à la Société en 1848, formèrent en 1856 une préfecture apostolique sous la direction de Mgr Guillemin; le Kouang-Si en fut séparé en 1878 et reçut Mgr Foucard pour premier évêque.

La Corée, royaume vassal de la Chine, fut donnée à la Société en 1831; la Mandchourie en 1838. Pour que le missionnaire pût pénétrer dans ces immenses contrées, y confesser et y prêcher, il devait surmonter bien des obstacles, braver bien des périls et déployer une vigilance de tous les instants. Parfois la vigilance de la haine surpassait celle de l'amour, et les prêtres payaient de leur tête l'honneur d'enseigner le nom de Jésus-Christ.

Le 24 février 1856, M. Chapdelaine fut arrêté au Kouang-Si. Au soldat qui lui ordonnait de le suivre :
— J'achève ma prière, répondit-il doucement, va dire à ton maître que dans un moment je suis à lui. Cinq jours après il était décapité.

En Corée, Mgr Imbert écrivait à ses deux missionnaires : « Dans les cas extrêmes, le bon pasteur donne « sa vie pour ses brebis ; si donc vous n'êtes pas encore « partis, venez avec le préfet Son-Kié-Huong, chargé « de vous arrêter, mais qu'aucun chrétien ne vous « suive. » Et le 21 septembre 1839, tous les trois obtenaient la couronne du martyre.

En Mandchourie, M. de la Brunière était massacré en 1846, M. Joseph Biet noyé en 1855.

Au Thibet, qui appartient à la Société depuis 1846, MM. Krick et Bourry tombaient, en 1854, sous le couteau des sauvages michemis, pendant que M. Renou était ramené de prétoire en prétoire jusqu'à Canton.

Le Japon, donné aux Missions-Étrangères en 1843, fermait ses portes, et Mgr Forcade en était réduit à se cacher dans les îles Lieou-Kieou.

Ce n'était pas d'ailleurs aux missionnaires seuls que l'on s'attaquait ; les prêtres indigènes, les catéchistes, les religieuses, les simples chrétiens avaient à supporter les mêmes combats, à subir les mêmes épreuves. De 1830 à 1860, plus de quatre-vingt mille chrétiens furent exilés, emprisonnés ou mis à mort.

VI

Mais lorsque les empereurs de Chine, les rois de l'Annam, les souverains du Japon eurent proscrit le catholicisme, tué ses prêtres, emprisonné ses fidèles ; lorsque, au silence de mort qui régna dans leurs États, ils crurent leurs efforts couronnés d'un plein succès, la France et l'Angleterre firent flotter leur drapeau sur les murs de Pékin, la France et l'Espagne s'emparèrent de Saïgon. Ainsi tout arrive dans le monde par la volonté de Dieu, et Dieu n'a qu'un but, la formation de son Église ; il y marche par des moyens incompréhensibles à notre intelligence ; il suit un plan dont nous ne voyons ni l'ensemble ni les détails : les années succèdent aux années, les luttes aux luttes, les désastres aux désastres ; puis un jour, devant l'univers étonné, resplendit, dans sa radieuse beauté et sa merveilleuse grandeur, le triomphe du droit, de la justice, de l'honneur, de la vérité, et pour tout dire en un mot, de l'Église.

L'Europe réclama la liberté pour les prédicateurs de l'Évangile, et, parce qu'elle était la plus forte, les gouvernements d'Extrême-Orient la lui promirent.

Cette liberté jurée a-t-elle été donnée? N'est-elle pas devenue trop souvent une tolérance malveillante à l'ombre de laquelle de nouveaux Pilate peuvent en toute sûreté se laver les mains du sang innocent qu'ils ont laissé répandre, de haineux mandarins remplacer le sabre et les cachots par la fourberie et le mensonge? La protection promise a-t-elle toujours été efficace et puissante?

Depuis le traité de Pékin et celui de Saïgon, n'avons-nous pas eu à pleurer Mgr Berneux, Mgr Daveluy, MM. Aumaître, de Bretenières, Petitnicolas, Beaulieu, Dorie, Huin, Pourthié, les martyrs de la persécution de Corée en 1866; en Chine, M. Néel, décapité en 1862, M. Mabileau, massacré en 1865, M. Rigaud en 1869, M. Hue en 1873; au Thibet, M. Durand en 1865, M. Brieux en 1878; en Cochinchine, M. Abonnel en 1872. Faut-il encore citer les noms de tous ceux qui viennent de tomber de 1883 à 1885 : M. Terrasse, au Yun-Nan; M. Béchet, au Tong-King occidental; MM. Gélot, Rival, Manissol, Séguret, Antoine, Tamet, au Laos; MM. Satre et Gras, au Tong-King méridional; M. Guyomard, au Cambodge; MM. Poirier, Garin, Macé, Guégan, Chatelet, Iribarne, Dupont, en Cochinchine orientale? Faut-il parler de leurs quarante mille chrétiens massacrés? Le passé avait vu de violentes persécutions : à nos jours, que l'on croyait des jours de liberté, de tranquillité et de paix sous l'égide de la France, il était réservé de voir cette extermination de toute une population catholique, cet anéantissement de toute une Église.

Cependant, si amoindrie que fût la liberté, les missionnaires en profitèrent, ils fondèrent de nouveaux postes, évangélisèrent de nouveaux peuples, ils retrouvèrent cette glorieuse Église du Japon que l'on croyait noyée dans le sang de ses martyrs ; si grands qu'aient été les désastres, ils n'ont pas atteint toutes les missions ; il reste intacts d'admirables résultats, des œuvres nombreuses, des écoles, des séminaires, des chapelles, des couvents où les chrétiens viennent s'instruire et prier.

Nous allons donner une statistique générale et comparée de l'état et des travaux de la Société des Missions-Étrangères en 1822, en 1860 et en 1886.

En 1822, la Société comptait 6 évêques et 27 missionnaires. Elle était chargée de 5 missions où l'on comptait 135 prêtres indigènes, 9 séminaires avec 250 élèves, et 300,000 chrétiens. Chaque année, le nombre total des baptêmes d'adultes s'élevait en moyenne de 3,000 à 3,500, celui des enfants de païens à plus de 100,000.

En 1860, la Société avait 21 évêques, 230 missionnaires qui dirigeaient 22 missions, 300 prêtres indigènes, 11 séminaires avec 400 élèves, et 550,000 fidèles. Les missionnaires baptisaient par an, en moyenne, 7 à 8,000 païens adultes et 140,000 enfants à l'article de la mort.

En 1886, la Société est chargée de 25 missions où travaillent 29 évêques, 751 missionnaires, 424 prêtres indigènes, 1858 catéchistes, 3,000 religieuses indigènes, où sont établis 31 séminaires comptant 1523 élèves, 1081 écoles ou orphelinats avec 46,193 enfants. Le nombre total des baptêmes de païens adultes s'est élevé à 19,705, celui des baptêmes d'enfants à 191,600. Appelées par les missionnaires, les Religieuses d'Europe sont venues sans craindre un climat meurtrier qui les décime : les Sœurs de Saint-Paul de Chartres sont établies en Cochinchine, au Tong-King, au Japon ; les Dames de Saint-Maur en Malaisie, à Siam, au Japon ; les Religieuses du Bon-Pasteur et de Saint-Joseph en Birmanie et dans les Indes; les Sœurs de la Providence au Cambodge ; les Religieuses du Saint-Enfant Jésus de Chauffailles au Japon; les Carmélites à Saïgon.

Les Frères des Écoles chrétiennes ont pendant dix-huit ans possédé les plus belles écoles de la Cochinchine, maintenant ils ont encore des établissements en Malaisie et en Birmanie.

On le voit, le personnel apostolique s'est accru, les œuvres se sont développées, les églises se sont fondées.

Cependant des chiffres ne sont pas tout, et ils ne disent pas si, dans les écoles, l'enseignement a quelque valeur, ni si les élèves font des progrès, ni enfin si les chrétiens sont véritablement fidèles à leurs devoirs religieux, s'ils ont une foi forte et une charité agissante.

On a le droit de poser la question ; nous allons y répondre.

VII

Les Frères de la Doctrine chrétiennne pendant qu'ils
étaient à Saïgon ont présenté chaque année des élèves
aux examens pour obtenir soit le brevet de capacité,
soit l'emploi de piqueur au cadastre, d'agent des télé-
graphes, d'agent des ponts et chaussées; et en cinq ans,
de 1878 à 1882, sur soixante candidats reçus, quarante-
huit appartenaient aux écoles des Frères.

Dans la presqu'île de Malacca, à Singapore, l'école
Saint-Joseph a eu, en 1885, 90 pour 100 dans les examens, elle a été la première des grandes écoles de
toute la colonie. Le pensionnat des Dames de Saint-Maur
a eu 92 pour 100; à Malacca, l'école des garçons a
obtenu 71 pour 100 et toutes les élèves des religieuses
ont été reçues.

En Birmanie, dans les villes de Rangoon et de Moul-
mein, les résultats sont les mêmes. « Aux examens faits
« par les officiers du gouvernement, écrivait Mgr Bigan-
« det en 1881, les élèves des Frères et des Sœurs ont
« obtenu les plus grands succès et ont primé tous les
« autres. »

Voilà pour l'enseignement.

Voici maintenant pour la pratique de la religion.
Dans les missions confiées à la Société, le nombre total
des chrétiens est, en 1886, de 830,000, les communions
dépassent le chiffre de 1,300,000 et les confessions
celui de 1,100,000.

Il reste à savoir si ces résultats sont sérieux et

olides. L'histoire des missions répond pour nous. Depuis deux siècles et demi, afin de conserver leur foi, les chrétiens ont perdu leurs biens, abandonné leur patrie, supporté la prison, enduré l'exil, subi de cruels supplices et souffert le martyre. Volontiers, autrefois, on croyait à la véracité des témoins qui se faisaient égorger : qu'aujourd'hui encore on veuille donc bien y croire. Jamais témoins n'ont été plus nombreux et plus héroïques et les Églises d'Extrême-Orient s'en glorifient avec une légitime fierté.

Pour acquérir le brillant développement que nous essayons d'esquisser, pour répondre aux besoins d'un si grand nombre de prêtres et d'œuvres, la Société des Missions-Étrangères dut développer ses principaux centres d'action. Ce fut la tâche du Séminaire de Paris.

Après avoir consulté les Vicaires Apostoliques, les Directeurs fondèrent de nouveaux établissements communs. Jusqu'alors il n'y avait eu qu'une procure, celle de Macao, maintenant il y en a quatre : une à Hong-Kong, une à Shang-haï et une troisième à Singapore. Le procureur reçoit les missionnaires, il leur facilite l'entrée dans leurs missions, il leur envoie des secours : en un mot, il est l'intermédiaire nécessaire entre l'Europe et l'Extrême-Orient. Une quatrième procure a été fondée à Marseille avec le concours d'hommes dont les missionnaires bénissent chaque jour le nom. Le Séminaire général établi à Pinang a été agrandi et le nombre des professeurs a plus que doublé. Un sanatorium a été créé à Hong-Kong, une généreuse chrétienne a aidé à en instituer un autre en France, à Monbeton, pour les missionnaires épuisés par les labeurs de l'apostolat. Si les Directeurs ont songé aux besoins du corps, ils n'ont eu garde d'oublier ceux de l'âme, et ils ont fondé à Hong-Kong une maison d'exercices spirituels où tous les prêtres de la Société peuvent aller se retremper dans la ferveur sacerdotale et apostolique.

Au Séminaire de Paris, les aspirants viennent chaque année plus nombreux. En 1822, à peine étaient-il trois ou quatre; en 1860, cinquante à soixante; en 1886, ils sont deux cents. La progression est rapide et continue. Un séminaire de philosophie a été établi à Meudon; la première année il compta quarante-cinq élèves cette année il en renferme soixante-dix.

Toutes ces œuvres étaient nécessaires ; sans elles, la Société ressemblait à un corps privé de plusieurs organes ; mais pour les soutenir, il fallait des ressources; jusqu'alors la Providence les avait envoyées. Un jour cependant on se demanda si elles ne manqueraient point : le problème était redoutable, la solution en fut merveilleuse, comme toutes celles que Dieu donne. Une œuvre se fonda, je ne dirai point comment, elle est d'hier et n'appartient pas encore à l'histoire.

Une pieuse et noble femme trouva dans son cœur une inspiration semblable à celles qu'avaient autrefois Madame d'Aiguillon, Madame de Miramion, ou Mademoiselle Jaricot, et auprès de la Propagation de la Foi, de la Sainte-Enfance, de l'œuvre Apostolique, il y eut l'œuvre des Partants.

Le nom de cette œuvre dit son but : elle prend l'aspirant à l'apostolat le jour où il reçoit le sacerdoce et connaît la mission vers laquelle il est envoyé; elle lui donne un modeste trousseau et se charge de tous les frais de son voyage. Ces frais, qui ne dépassent pas cinq cents francs pour les missionnaires de Siam ou des Indes, s'élèvent à quinze cents francs pour ceux du Yun-Nan ou du Thibet, et lorsque cette dépense doit se répéter cinquante fois par an, c'est une rude entreprise et une lourde tâche d'y pourvoir. Léon XIII, le grand Pontife, a béni cette œuvre, sa munificence a largement puisé dans le trésor de l'Église, en faveur des Associées. Le Cardinal-Archevêque de Paris, Mgr Guibert, l'a canoniquement établie dans la chapelle du Séminaire des Missions-Étrangères. La présidente, je devrais dire la fondatrice, dépense sa vie, toute sa vie, à son œuvre; elle a fait passer la flamme qui l'anime dans l'âme de généreuses chrétiennes, elle les a réunies sous la bannière de Marie la reine des Martyrs, de Joseph l'humble ouvrier de Nazareth, de sainte Thérèse la carmélite apôtre. Maintenant l'œuvre prospère par la triple bénédiction de Dieu, du Pontife et de l'Évêque par les soins des âmes ardentes et des intelligences d'élite qui s'y sont consacrées.

Tels sont en traits larges, rapides et trop inhabilement esquissés, la naissance providentielle, la constitution et le développement de la Société des Missions-Étrangères. Toujours elle a suivi la voie que les Pontifes lui ont tracée; elle a marché à travers les contradictions, les obstacles, les proscriptions au salut des âmes et à la fondation des églises ; partout, elle a en-

voyé des fils qui ont donné leur sang pour le Christ
Jésus et sont tombés sur la terre lointaine, heureux de
leurs travaux, de leurs souffrances et de leur mort;
puisse-t-elle se maintenir à la hauteur de sa vocation
sainte, et rester dans l'avenir ce qu'elle a été dans le
passé, le soldat d'avant-garde de la Civilisation, de
l'Église et de Dieu.

NOS MISSIONNAIRES

NOS MISSIONNAIRES

MGR RIDEL

ÉVÊQUE DE PHILIPPOPOLIS, VICAIRE APOSTOLIQUE DE LA CORÉE

(1830-1884)

Mgr Félix-Clair Ridel naquit à Chantenay, diocèse de Nantes, le 7 juillet 1830.

Ce fut à sa mère qu'il dut sa vocation de missionnaire.

Un jour, encore tout enfant, il jouait près d'elle lorsqu'il aperçut sur la table un numéro de *la Propagation de la Foi.*

— Mère, demanda-t-il, est-ce qu'il y a des histoires dans ce livre?

— Oui, mon fils, c'est un livre qui raconte des histoires de missionnaires.

— Mais qu'est-ce donc que les missionnaires?

— Ce sont des prêtres qui s'en vont bien loin, chez

les peuples sauvages qui ne connaissent pas le bon
Dieu, pour leur apprendre à sauver leurs âmes et à
aller au ciel.

— Eh bien! je veux aussi aller le leur dire, afin
qu'ils viennent avec nous en paradis.

La mère prit l'enfant dans ses bras, elle l'embrassa
à plusieurs reprises, avec une sorte de tendresse
effrayée : — Pauvre petit, dit-elle, pauvre petit chéri!

Peut-être en cet instant avait-elle le pressentiment de
l'avenir.

Élève du collége des Couets d'abord, du Petit Séminaire de Nantes ensuite, Félix Ridel s'y montra doué
d'un caractère hardi, actif, entreprenant, d'où la témé-
rité même n'était pas toujours absente. Quelques professeurs s'émurent : ces allures décidées, quoique alliées
à une piété solide et à un grand amour du travail,
les étonnèrent dans un séminariste. Ils consultèrent
M. de Courson : — La physionomie de cet enfant m'a
frappé, répondit le vénérable supérieur de Saint-
Sulpice, il fera certainement un bon prêtre; n'ayez
aucune crainte à cet égard.

Pendant les quatre années que Félix Ridel passa au
Petit Séminaire de Nantes, on put remarquer en lui une
maturité précoce et un éloignement de plus en plus
accusé pour tout ce qui n'est pas droit, honnête et ver-
tueux.

Son séjour au Séminaire de philosophie et au Grand
Séminaire compléta cette sérieuse éducation sacerdotale.

« Pleinement assuré de sa vocation, il n'eut qu'une

pensée : se dévouer corps et âme au service de Dieu et de l'Église. Rien ne lui paraissait au-dessus de ses forces. Il était prêt à tout quitter : une famille de chrétiens dont il était l'âme, des amis très chers, desquels, jusqu'à sa dernière heure, il ne perdit jamais le souvenir. Sous des dehors énergiques, il avait une âme très aimante, et le sacrifice de ses affections ne fut pas le moindre mérite de son apostolat. Depuis longtemps, la carrière des missions lui souriait ; mais en même temps la solide piété, les vertus modestes, la vie cachée en Dieu du prêtre de Saint-Sulpice avaient fait sur lui une profonde impression. L'exemple d'un de ses cousins, M. Bonnissant, sulpicien et missionnaire au Canada, le détermina à entrer au séminaire de Saint-Sulpice pour y étudier les voies de Dieu à son égard. C'était au mois d'octobre 1856 [1]. »

M. Icard, alors supérieur des Catéchismes, lui confia les jeunes filles qui se préparaient à la première communion. C'étaient celles de la deuxième division, presque toutes enfants d'ouvriers, d'artisans, de petits marchands, qui dans ce quartier de Saint-Sulpice, le meilleur de Paris, ont conservé avec une foi forte quelque chose de la vie austère des jours d'autrefois.

Le souvenir du catéchiste de l'année 1856 est resté vivant parmi elles ; sa bonté les avait charmées, sa douceur conquises, sa vie a achevé ce que sa parole avait commencé. L'année suivante, il était prêtre et vicaire à la Remaudière.

---

[1] *Espérance du peuple.*

Il avait demandé à partir pour le Séminaire des Missions-Étrangères. — Attendez encore quelque temps, lui avait répondu son évêque.

M. Ridel accepta l'épreuve, résigné, calme, presque joyeux. Il s'était dit que si toute vie nouvelle demande une préparation, la vie apostolique en exige une plus longue et plus étudiée. Pendant une année, il se prépara, s'imposant les plus dures privations, prolongeant ses jeûnes, faisant de longues marches, et le jour et la nuit, cherchant partout les fatigues, « essayant ses « forces, comme un lutteur avant le combat. »

Enfin, au mois de juillet 1859, il put réaliser son désir, et le 26 juillet 1860 il écrivait à son frère :

« Demain je quitte la France, mais je veux encore une fois te dire combien je t'aime. Tu as dû comprendre quel motif m'entraîne, quelle voix m'appelle en d'autres lieux ; c'est la voix de Dieu, c'est Notre-Seigneur qui m'a parlé au cœur. »

Il lui fallut près d'une année pour arriver à Hong-Kong. Il y rencontra Mgr Pellerin, le Vicaire Apostolique de la Cochinchine septentrionale.

L'évêque voulut présenter les missionnaires au commandant du vaisseau français *le Japon*. — Ce sont, dit-il, avec son accent breton, deux missionnaires de Corée.

— Oui, commandant, ajouta M. Ridel avec un sourire, oui, décorés, mais sans pension du gouvernement. — « C'était bien vrai, continue-t-il dans la lettre où il rapporte ce fait, puisque tous les deux nous portions nos croix sur nos poitrines, en attendant qu'il plût à Dieu de la mettre sur nos épaules. »

De Hong-Kong les missionnaires partirent pour Shang-Haï, de Shang-Haï pour Tché-Fou, puis ils mirent à la voile pour la Corée.

Ils étaient quatre: les PP. Ridel, Calais, Joanno et Landre. L'île de Mérinto, près des côtes de la Corée, était le lieu du rendez-vous ; l'heure, les signaux, tout était déjà fixé.

Le 11 mars 1861, ils quittaient Tché-Fou sur une barque chinoise : « Notre barque a huit mètres de long sur deux de large, écrit le P. Ridel. Le dessous est plat et le pont sans rebord ; la moindre vague peut y pénétrer. Ce voyage ne serait pas sans périls, si saint Joseph n'était à notre gouvernail. Nos cabines sont à l'arrière ; on y descend par une ouverture qui ressemble beaucoup à une cheminée ; c'est un exercice de gymnastique dont on s'acquitte assez bien avec un peu d'habitude. Pour communiquer entre nous, nous rampons, car il est impossible de nous tenir à genoux. C'est couchés sur nos lits que nous accomplissons nos devoirs de piété et que nous prenons nos repas. »

Le 21 mars, ils arrivaient en face de Mérinto ; le Jeudi-Saint, une barque coréenne les prenait à son bord et bientôt les déposait sur le rivage, à trois lieues de Séoul, la capitale de leur nouvelle patrie.

II

La Corée, située au nord-est de l'Asie, se compose d'une presqu'île de forme oblongue et d'un nombre assez considérable d'îles semées sur sa côte occidentale.

Partout s'élèvent des montagnes, des rochers, des collines tantôt nues et arides, tantôt couvertes de pins sauvages et de broussailles ou couronnées de gigantesques forêts. Çà et là apparaissent des groupes de pauvres cabanes en terre avec un toit de chaume et des fenêtres fermées avec du papier ; quelques villes, où l'on aperçoit des maisons plus hautes, mais encore fort modestes, et dont tout le luxe est une toiture en tuiles.

Les Coréens appartiennent au type mongol, ils ressemblent plus aux Japonais qu'aux Chinois, ils ont le teint cuivré, le nez court, un peu épaté, les pommettes saillantes, les cheveux noirs. Le vêtement n'est ni riche ni élégant : un chapeau en forme de pain de sucre avec des rebords de soixante centimètres de largeur, une veste courte en grosse toile et par dessus un habit à larges manches, fendu sur le côté et tombant jusqu'aux genoux ; un pantalon large comme un pantalon de zouave ; au lieu de bas en laine ou en coton, deux morceaux de toile, et pour souliers, des sandales en paille qui coûtent jusqu'à deux sous la paire.

L'histoire de l'Église de Corée a été écrite, il y a bientôt quinze ans, par le P. Dallet, de la Société des Missions-Étrangères. A Rome, pendant le Concile, dans une maison située non loin du Colisée, L. Veuillot a résumé ce long martyrologe.

« On sait, dit-il, que des Coréens, emmenés captifs au Japon, y reçurent et confessèrent la foi lorsque cette grande chrétienté fut noyée dans son sang. Quelques gouttes de ce sang ont-elles traversé le détroit, et l'Église coréenne en est-elle née comme ces plantes qui germent sur un sol où elles étaient inconnues, de quelque graine jetée par la tempête? Quoi qu'il en soit, elle grandit sans prêtres, cultivée par le seul glaive du bourreau. Le pape Pie VI, prisonnier, apprit qu'elle existait et ne put que la confier à l'évêque isolé de Pékin ; mais l'évêque de Pékin mourut, et son siége tomba dans le désastre de cette époque où l'Église catholique parut crouler partout. En 1811, l'Église de Corée s'adressa à Pie VII. Il était captif à Fontainebleau. On lui remit une pièce de soie sur laquelle était une pétition des chrétiens de Corée, qui lui demandaient des prêtres. Pour se faire reconnaître, ils lui disaient qu'ils avaient composé un recueil des actes de leurs martyrs, contenant plusieurs volumes, mais qu'ils ne pouvaient l'envoyer à cause du péril, et qu'ils écrivaient cette lettre sur la soie, afin que le porteur la pût cacher plus commodément.

« Pie VII, dans sa prison, entendit cette prière des catacombes. Il ne put l'exaucer aussitôt, mais Rome ne l'oublia point. Grégoire XVI créa le vicariat apostolique de la Corée, et y nomma ce saint et dévoué Bruguières, qui s'offrit lui-même aux périls de cette mission inconnue. Il venait d'être sacré coadjuteur de Siam, et le vieil évêque de cette contrée, dont il était le seul prêtre, le donna sans murmurer, quoique toutes ses espérances reposassent sur lui. Tout est grand et héroïque dans la fondation de l'Église de Corée; elle repose sur tous les genres de martyre. Bruguières fraya la route et resta couché sur le seuil,

Maubant, Chastan, Imbert franchirent ce seuil sacré, et le sang des prêtres commença à se mêler à celui des fidèles, qui coula avec plus d'abondance. »

III

A l'époque où le P. Ridel et ses compagnons péné-traient en Corée, les circonstances semblaient plus favo-rables.

Le gouvernement avait reçu la nouvelle de la prise de Pékin par l'armée anglo-française et de la fuite de l'empereur de Chine ; il se demandait avec une certaine anxiété si les soldats de l'Occident n'allaient point pousser plus loin leurs succès, et venir jusqu'à Séoul venger leurs compatriotes et leurs coreligionnaires. Sans rapporter les anciens édits qui proscrivaient le catholicisme, il laissait les missionnaires et les chrétiens en repos. Depuis cinq ans que Mgr Berneux avait pénétré en Corée, jamais il n'avait joui d'une plus grande liberté, jamais les chrétiens n'avaient été plus fervents et les conversions plus nombreuses.

Malheureusement la maladie l'arrêtait parfois, ainsi que son coadjuteur, Mgr Daveluy, et ses trois mission-naires ; aussi grande fut la joie de tous, à l'arrivée des nouveaux ouvriers que la Providence leur envoyait.

Ceux-ci se mirent courageusement à l'étude de la langue, et bientôt ils purent exercer le saint minis-tère. Mais, hélas ! la mort ne tarda pas à faire des vides dans leurs rangs. le P. Ridel eut la douleur de fer-mer les yeux à deux de ses compagnons de route, les

PP. Joanno et Landre. A deux reprises, lui-même tomba malade, la seconde fois on crut qu'il allait mourir, sa vigoureuse constitution le sauva et il continua ses travaux.

Chargé d'un vaste district, dont il lui fallait parcourir toutes les stations l'une après l'autre, il se mettait en route la nuit, faisait cinq, huit, dix lieues, et lorsqu'il arrivait au terme de son voyage, qu'il pénétrait dans la chaumière où ses néophytes l'attendaient, sans prendre un instant de repos, il prêchait, confessait, communiait, baptisait : dans chaque station il restait un jour, deux jours, rarement plus, car l'ennemi était vigilant ; puis il reprenait son bâton de voyageur et allait ailleurs recommencer les mêmes labeurs.

La première année, il visita en cinq mois les 68 chrétientés dont il avait la charge

Il parcourut environ trois cents lieues, pour évangéliser une population chrétienne de 3,229 âmes ; pendant ce long trajet, il eut la consolation d'entendre 2,318 confessions, de donner le baptême à 72 grandes personnes et à 177 enfants, enfin de bénir 44 mariages.

En 1864, il fit avec son catéchiste le voyage de la capitale afin d'exposer à Mgr Berneux l'état de sa paroisse, puis il revint reprendre avec un nouveau courage ses travaux de chaque jour.

L'année suivante, son district s'était un peu augmenté ; il entendit 3,700 confessions ; il avait 5,000 chrétiens dispersés en 105 stations, sur un parcours de quatre cents lieues ; il en commença la visite au mois de septembre pour la terminer au mois de mai.

Telle était la vie du P. Ridel, vie qui allait si bien à son zèle et à son énergie, et que Dieu se plaisait d'ailleurs à bénir par des succès constants.

Elle fut, hélas ! de courte durée.

Au commencement de l'année 1866, les Russes établis dans la petite île de Ouen-San avaient demandé au gouvernement coréen la liberté du commerce. Le gouvernement s'émut, il connaissait par les Chinois la valeur des Européens et il la redoutait, mais suivant la politique habituelle des Orientaux, il essaya de temporiser : « La « Corée, répondit-il, est tributaire de la Chine, elle ne « peut faire aucun traité avec les étrangers sans l'assen- « timent de la cour de Péking. »

L'anxiété cependant était grande dans tout le pays et les ministres ne cachaient pas leur inquiétude.

C'est alors que quelques nobles de Séoul, chrétiens assez tièdes, du reste, pensèrent que l'occasion d'obtenir du gouvernement la liberté de conscience, et de se faire du même coup une grande réputation de patriotisme et d'habileté, était trop belle pour la laisser échapper. Ils présentèrent au prince régent un long mémoire, dans lequel ils exposaient que l'unique moyen de se soustraire aux envahissements de la Russie était de faire un traité avec la France et l'Angleterre ; ce qui, selon eux, serait mené facilement à bonne fin par l'entremise des évêques.

Le régent sembla les écouter avec plaisir et se rendre à leurs raisons, il fit prier les évêques de se tenir à sa disposition pour conférer avec lui sur cette grave affaire. Mgr Berneux, évêque de Capse, Vicaire Apostolique de la Corée, et Mgr Daveluy, évêque d'Acònes, son coadjuteur, se préparèrent à une entrevue décisive.

Le bruit que l'heure de la liberté religieuse allait enfin sonner se répandit partout : les chrétiens étaient ivres de joie ; on parlait déjà de bâtir à Séoul une grande église, digne de la capitale du royaume.

Tout à coup ce beau rêve s'évanouit. Les Russes disparurent : la mort des missionnaires et la destruction complète de l'Église coréenne furent résolues.

IV

Le 8 mars 1866, Mgr Berneux, les PP. Ranfer de Bretenières, Dorie et Beaulieu furent décapités, après avoir souffert les plus cruelles tortures ; le 11 du même mois, les PP. Pourthié et Petitnicolas périrent du même supplice, le 30, ce fut le tour de Mgr Daveluy et des PP. Huin et Aumaître. Il ne restait plus que les PP. Ridel, Féron et Calais.

« En apprenant le martyre de Mgr Berneux, écrivait le P. Ridel à sa famille, je me mis en route avec quelques chrétiens pour gagner Tsin-pat. Il y avait une rivière à traverser. Un courrier du gouvernement se présente en même temps que nous pour passer. J'entre le dernier dans le bateau et me tourne à l'avant pour ne pas être reconnu. La conversation s'engage.

« — Moi, dit un païen au courrier, je reviens de Tiei-tcheu pour l'affaire de ces coquins d'Européens que l'on a pris à la capitale. Y en a-t-il aussi à Tiei-tcheu ?

« — Oui, répond le courrier, il y en a deux, j'ai porté l'ordre de les prendre, et ils ont été arrêtés.

« Et il se mit à les décrire si bien, que je reconnus facilement qu'il s'agissait des PP. Pourthié et Petitnicolas. Mes chrétiens effrayés ne soufflaient mot ; j'essayais de faire bonne contenance.

« Le premier interlocuteur ajouta :

« — A-t-on arrêté aussi leurs femmes ?

« — Ils n'en ont pas.

« — Et comment font-ils leur ménage ?

« — Ah ! je n'en sais rien. Allez le leur demander.

« Cette réflexion fit rire les chrétiens et empêcha de remarquer leur tristesse trop visible. Arrivé à Tsin-pat, je donnai les sacrements à quelques personnes, je fis enterrer tous mes livres et effets, et je partis le 12 mars, pour aller, je ne savais où, chercher un refuge. André, mon maître de maison, m'accompagnait avec sa femme, ses enfants et un certain nombre de chrétiens. Le soir même, Tsin-pat était envahi par les satellites de la capitale, avec ordre précis d'arrêter l'Européen qui y résidait habituellement, et toutes les personnes à son service.

« Après avoir changé plusieurs fois de retraite, et dépensé tout ce que je possédais à nourrir les chrétiens qui m'avaient accompagné, j'ai été obligé d'en renvoyer le plus grand nombre, et je suis venu me réfugier dans un petit hameau au milieu des montagnes. J'ai couché quinze jours à côté d'un homme qui avait la fièvre typhoïde, et à la moindre alerte, à chaque visite que recevaient mes hôtes, je me cachais sous un tas de bois.

C'est là que, le mardi de Pâques, j'ai appris la mort de Mgr Daveluy. Le soir, les enfants d'André causaient entre eux de cette triste nouvelle. J'entendis Anna, sa fille aînée, âgée de douze ans, qui disait à ses jeunes frères :

« — On va bientôt venir prendre le Père avec papa et maman ; on nous emmènera, on nous dira aussi : Renonce à la religion ou bien je vais te faire couper en morceaux. Que ferons-nous ?

— Moi, dit le plus grand, je dirai : Faites comme vous voudrez, mais je ferai comme papa ; je ne renoncerai pas au bon Dieu, et si on me coupe la tête, j'irai chez le bon Dieu.

« — Et moi, ajouta l'autre, je dirai au mandarin : Je veux aller au ciel. Si vous étiez chrétiens, vous iriez au ciel ; mais, puisque vous faites mourir les chrétiens, vous irez en enfer.

« Alors Anna, serrant ses deux frères dans ses bras, leur dit :

« — C'est bien, nous mourrons tous et nous irons au ciel avec papa, maman et le Père. Mais pour cela, il faut bien prier le bon Dieu, car on nous fera bien mal. On nous arrachera les cheveux, les dents, les mains ; on nous frappera avec un gros bâton, et le Père dit que, si l'on n'a pas bien prié, on ne pourra pas y tenir.

« J'ai passé près d'un mois et demi dans cette retraite, enviant le sort de nos martyrs, faisant pénitence pour mes péchés qui m'ont privé du bonheur de partager leur sort, et méditant surtout ces paroles : « Que votre volonté soit faite sur la terre comme au ciel. » Enfin, le

8 mai, j'ai eu des nouvelles de M. Féron, qui se trouvait caché à quelques lieues de moi, et le 15, après un voyage de nuit qui n'a pas été sans danger, j'ai pu me jeter dans ses bras. »

Au mois de mai cependant, il y eut un moment de calme ; une grande sécheresse désolait le pays et les païens eux-mêmes attribuaient les calamités publiques à la persécution et à la mort des missionnaires.

Les PP. Ridel et Féron s'étaient réfugiés ensemble dans un petit hameau composé de quatre maisons, chez une pauvre veuve chargée de six enfants en bas âge. La retraite était sûre, et cette femme, malgré son dénûment, malgré le danger qu'elle courait en donnant asile aux missionnaires, les avait reçus et les gardait avec une cordialité si dévouée qu'ils y restèrent près de deux mois.

La famine régnait dans la contrée : les pauvres chrétiens du hameau coupaient l'orge encore toute verte et en faisaient leur nourriture. Les deux missionnaires essayèrent de ce régime, mais ils éprouvèrent aussitôt une indisposition si violente qu'il leur fallut y renoncer.

Les fidèles mirent en commun leurs dernières ressources, vendirent tout ce qu'ils avaient et parvinrent à leur procurer deux boisseaux de riz.

V

Vers le 15 juin, les PP. Féron et Ridel eurent des nouvelles du P. Calais, qu'ils croyaient mort dans les montagnes, et purent correspondre avec lui. C'est alors que, d'un commun accord, ils décidèrent que l'un d'entre eux devait gagner la Chine pour faire connaître les désastres de la mission, et travailler, s'il était possible, à y porter remède. Le P. Ridel fut désigné pour ce voyage, il obéit aussitôt et quitta en pleurant sa chère mission de Corée.

« Nous fîmes préparer une barque, écrit-il, ce qui nous coûta des peines extrêmes ; enfin le jour de la Saint-Pierre je quittai de nouveau le P. Féron. Les satellites étaient de tous les côtés, gardaient toutes les routes ; les douaniers étaient plus vigilants que jamais et les soldats de la capitale mettaient les barques en réquisition pour transporter les matériaux destinés à la construction d'un nouveau palais, tout autant de périls qu'il fallait éviter.

« J'étais caché au fond de mon petit navire, monté par onze chrétiens résolus, et nos craintes furent grandes pendant trois jours que nous naviguâmes à travers les îles qui bordent la côte ; mais Dieu vint à notre aide, et le sang-froid de mon pilote nous tira d'affaire. Enfin nous gagnâmes le large ; j'avais apporté une petite boussole : j'indiquai la route pour filer en pleine mer sur les côtes de la Chine. Mes pauvres marins n'avaient jamais perdu la terre de vue ; quelle ne fut pas leur frayeur lorsque, le soir, ils ne virent plus autour d'eux que l'immensité des mers ? Un vent furieux se déchaîna ; nous essuyâmes une violente bourrasque et, pendant deux heures, nous eûmes toutes les peines du monde à maintenir notre navire.

« Figurez-vous une petite barque tout en sapin, les clous en bois, pas un seul morceau de fer dans sa construction, des voiles en herbes tressées, des cordes en paille. Mais je l'avais appelée *le Saint-Joseph*; j'avais mis la sainte Vierge à la barre et sainte Anne en vigie.

« Le lendemain, point de terre; le troisième jour nous rencontrâmes des barques chinoises; le courage revenait au cœur de mon équipage, mais le calme nous surprit. A la nuit, nous eûmes encore un coup de vent qui dut nous pousser fort loin dans la bonne direction; le vent soufflait par soubresauts de droite à gauche; la mer se gonflait et frappait les flancs de la barque; on ne pouvait voir à deux pas dans l'obscurité, et il tombait une pluie torrentielle. J'admirai le courage de mon pilote; il resta toute la nuit au poste, ne voulant pas céder sa place avant que l'orage fût passé, et tenant fidèlement la direction que je lui avais donnée.

« Enfin le vent cesse, les nuages se dissipent; il ne reste plus que le roulis; bientôt l'orient en feu nous fait présager une belle journée. Où étions-nous, où avions-nous été jetés par la tempête? Telle était la question que nous nous posions, lorsqu'un matelot fait remarquer un point noir qui peu à peu grossit; c'est une terre dans la direction que nous avions prise; plus de doute, c'est la Chine. Nous étions sauvés!

« Puis on signale un navire; bientôt, à ses voiles, on reconnaît un vaisseau européen; il vient vers nous. J'ordonne de passer tout à côté, et je fais hisser un petit drapeau tricolore que j'avais eu soin de préparer avant de quitter la Corée. C'était un beau trois-mâts; j'ai appris depuis qu'il était de Saint-Malo et venait de Tché-fou. En passant, je lui fais un grand salut. Le capitaine, qui nous regardait avec attention, très étonné de voir flotter un drapeau français sur une si singulière embarcation, qui n'était même pas chinoise, me répond de la manière la plus gracieuse; puis, sur son ordre, on met le drapeau. J'attendais avec anxiété; c'était le drapeau de la France; trois fois il s'élève et s'abaisse pour nous saluer. Impossible de vous dire ce qui se passa dans mon cœur. Pauvre missionnaire, depuis six ans, je n'avais pas vu de compatriotes! Et, en ce moment, perdu au milieu des mers, sans connaître la route, j'aurais voulu rejoindre ce bâtiment, mais ses voiles enflées par un vent favorable l'avaient déjà emporté à une grande distance.

« Bientôt, je reconnus la côte; c'était le port de Wei-haï, d'où j'étais parti six ans auparavant. Nous étions sur les côtes du Chan-tong, dans la direction de Tché-fou, où je voulais aller. Nous arrivions par conséquent en droite ligne, aussi bien que l'eût pu faire le meilleur navire avec tous ses instruments nautiques. Que la sainte Vierge est un bon pilote! Il ne nous restait que quelques lieues, mais le vent contraire ne nous permit pas d'aborder ce jour-là.

« Le 7 juillet au matin, nous vîmes le port, et à midi, nous jetions l'ancre au milieu de navires européens. Aussitôt nous fûmes environnés de Chinois curieux de voir les Goréens qu'ils reconnurent de suite; je descendis et fus immédiatement entouré d'une foule qui me faisait cortége et regardait avec curiosité mon étrange costume.

Les nouvelles que j'apportais firent sensation parmi les membres de la colonie européenne. Je me rendis sans retard à Tien-tsin, où je rencontrai le contre-amiral Roze, qui commandait la croisière française sur les côtes de Chine. Il me fit un accueil bienveillant et me promit son assistance. »

Une expédition eut lieu, en effet. Le 10 septembre, la corvette *le Primauguet*, l'aviso *le Déroulède* et la canonnière *le Tardif* quittèrent la Chine pour aller reconnaître la route de Séoul. Le P. Ridel faisait partie de cette expédition, trois de ses chrétiens devaient servir de pilotes. La route reconnue et les sondages exécutés, la flottille regagna les côtes de Chine. Le 11 octobre, l'escadre quitta le port de Tché-fou et se dirigea vers la Corée. Elle était composée de la frégate *la Guerrière*, des corvettes à hélice *le Laplace* et *le Primauguet*, des avisos *le Déroulède* et *le Kien-Chan*, des canonnières *le Tardif* et *le Lebrethon*.

Les troupes françaises s'emparèrent d'abord de la ville de Kang-Hoa, où elles trouvèrent des armes en très grand nombre: arcs, flèches, sabres et environ quatre-vingts canons; quelques officiers parlaient de marcher sur Séoul. C'était l'avis du P. Ridel et des chrétiens qui servaient de pilotes. L'amiral Roze en jugea autrement. Il écrivit une lettre au gouvernement coréen, dans laquelle il déclarait « qu'il était venu au nom de Napoléon, souverain du grand empire de France; que Sa Majesté, dont la sollicitude s'étendait sur tous ses sujets, en quelques lieux qu'ils fussent, voulait qu'ils fussent partout en sûreté et traités comme il convenait à des citoyens d'un grand empire; qu'ayant appris que le gouvernement de Corée avait mis à mort neuf Français, il venait demander réparation : qu'on eût donc à lui remettre les trois ministres qui avaient contribué le plus à la mort de ces Français, et qu'on envoyât en même temps un plénipotentiaire pour poser les bases d'un traité; sinon, il rendait le gouvernement de Corée responsable de tous les malheurs qu'entraînerait la guerre. » Cette lettre resta sans réponse.

Les Coréens continuèrent à se réunir sur tous les points voisins de Kang-Hoa, trois cents soldats s'enfermèrent dans la pagode de Trieun-tong-sa, à trois ou quatre lieues au sud de la ville. L'amiral envoya une colonne pour les déloger, le soir la colonne revint sans avoir pu réussir, le combat lui avait coûté trente-deux soldats blessés.

Quelques jours plus tard, l'escadre reprenait la route de Chine. Cette expédition n'avait abouti qu'à aggraver la situation des néophytes et à précipiter la ruine de la mission.

Le P. Ridel quitta l'escadre à Shang-haï; pendant dix ans, il devait attendre l'heure qu'il plairait à la Providence de lui indiquer pour rentrer dans la Corée.

« Neuf de nos confrères, écrivait-il à cette époque, ont remporté une palme glorieuse et sont maintenant couronnés dans le ciel. Que n'ai-je obtenu une semblable grâce ? Peu s'en est fallu, mais j'en étais encore indigne. »

VI

« Dès lors, chassé, poursuivi, je devenais inutile, et maintenant que la porte de notre mission nous semble fermée d'une manière si cruelle, je suis tout prêt, attendant l'arme au bras, avec le même plaisir que le actionnaire qui n'attend que l'heure où l'on viendra le relever. »

Ce fut alors que le Saint-Siége le nomma évêque de Philippopolis, Vicaire Apostolique de la Corée. Le nouvel élu vint à Rome pendant le concile et reçut dans l'église du Gésu la consécration épiscopale.

Il avait désiré être sacré par un évêque français et s'était adressé au cardinal de Bonnechose.

— Je veux bien vous sacrer, avait répondu l'éminent prélat, mais peut-être la cérémonie laissera-t-elle à désirer, car je n'ai encore sacré personne.

— Que Votre Éminence ne craigne rien, répondit Mgr Ridel en souriant, car c'est aussi la première fois que je serai sacré.

Après le concile, il se hâta de retourner en Chine; il s'établit dans la petite paroisse de Notre-Dame-des-Neiges, une des résidences de Mandchourie, la plus proche de la Corée, et chercha pendant plusieurs années, sans y réussir, à pénétrer dans sa mission.

Dans une tentative qu'il fit en 1875 avec le P. Blanc, aujourd'hui évêque d'Antigone et son successeur, il faillit même périr. Monté sur une jonque chinoise, il était parvenu au lieu du rendez-vous; mais la barque

coréenne qui devait venir le recevoir ne parut point.
La jonque étrangère fut bientôt remarquée, elle essaya
de fuir, on se mit à sa poursuite ; la situation devenait
grave ; à la côte, les satellites surveillaient scrupuleu-
sement ceux qui débarquaient ; au large, la tempête
grondait avec violence. Les éléments parurent moins
redoutables que les hommes, le navire vira de bord, en
quelques instants il fut emporté avec une rapidité ver-
tigineuse ; la mort était imminente, les missionnaires
s'adressèrent à celle que l'Église invoque sous le beau
nom d'Étoile de la mer, ils firent un vœu. Le vent
tomba aussitôt, la mer redevint calme et la jonque put
regagner le port d'où elle était partie quinze jours auparavant.

Aujourd'hui une grande plaque de marbre, dressée
dans une des chapelles de la basilique de Notre-Dame
de Lourdes, rappelle à la fois le péril que coururent
les missionnaires, leur confiance en Marie et le secours
qu'ils en obtinrent.

Ces tentatives, plusieurs fois réitérées et toujours sans
résultat, ne découragèrent pas le vaillant évêque.

Enfin, Dieu exauça ses vœux. En 1876, il put faire
entrer en Corée deux de ses missionnaires, et au mois de
novembre de l'année suivante, il eut l'ineffable consolation de les y rejoindre, avec deux autres prêtres.

« Mais, hélas ! s'écrie-t-il, dans quel triste état j'ai
trouvé cette pauvre mission ! Des milliers de fidèles
ont disparu, victimes de cette cruelle persécution que
nos chrétiens disent être la plus terrible de toutes
celles qui ont sévi jusqu'ici. Les uns sont morts dans

les tourments, égorgés, étranglés, etc. ; d'autres sont morts de faim, de froid, de misère ; d'autres, surtout les jeunes filles, ont été vendus comme esclaves et emmenés on ne sait où. Ceux que nous voyons sont dans le plus misérable état, et pour le corps et pour l'âme. Obligés de fuir, de se cacher, ils ont perdu tout ce qu'ils possédaient : leurs champs, leurs maisons ; ils n'ont plus rien pour vivre. J'ai vu un chrétien qui, avant la persécution, était très riche, il avait une grande maison et vivait dans le luxe. A la persécution, il a tout perdu, il s'est retiré sur une montagne, et, depuis douze ans, vit de pommes de terre qu'il cultive lui-même. Une jeune fille de douze ans voit les satellites entrer dans sa maison, prendre ses parents, les lier et les emmener pour les faire mourir ; effrayée, elle s'enfuit avec son frère âgé de huit ans. Tous deux, bientôt fatigués de la marche, souffrant de la faim, souffrant du froid, s'arrêtent sous un arbre. Quelques jours après, on les a trouvés : la petite fille tenait son jeune frère dans ses bras, comme pour le réchauffer et le défendre de la dent du tigre ; tous deux étaient morts gelés. Et de cette façon sont mortes des centaines pour ne pas dire des milliers de personnes.

« Ici, je me tiens caché, entouré de païens de tous côtés ; je ne puis parler qu'à voix basse, et quand je sors pour administrer les chrétiens, ce n'est qu'au milieu des ténèbres de la nuit. Jusqu'ici, aucun accident ne nous est arrivé : la divine Providence nous protége d'une manière sensible. Que la sainte volonté de Dieu soit faite ! Si je suis jugé digne de souffrir pour

son saint nom, en ce moment je me souviendrai de mes
amis et, comptant sur l'appui de leurs prières, je prierai
aussi pour tous. »

Ce jour de souffrance, entrevu par Mgr Ridel, ne
devait pas tarder.

Trois mois à peine s'étaient écoulés depuis l'entrée
de l'évêque en Corée, lorsque les chrétiens, qui apportaient le courrier d'Europe, furent arrêtés à la frontière.
Sous les coups, ils firent quelques révélations. [L'ordre
de saisir tous les missionnaires fut donné.

VII

Mgr Ridel fut arrêté le 28 janvier, à quatre heures
du soir; il fut traîné à travers les rues de Séoul et
conduit au tribunal. Il a raconté son premier interrogatoire, ses souffrances pendant les longs mois de prison,
sa délivrance, son retour en Mandchourie; il n'a mis dans
son récit ni emphase, ni poésie : tout y est simple, vrai
et dur comme la réalité, bon et doux comme lui-même :

« Connaissant la susceptibilité des Coréens pour
ce qui est de l'étiquette, j'avais résolu d'employer toujours dans mes réponses la forme polie du langage entre
égaux; aussi, dès le début, je dis à mon juge :

— Mon intention est de vous parler selon les règles
du langage ; mais comme je suis peu expert en la langue
coréenne, il peut m'échapper quelques expressions peu
correctes : je vous prie de n'y pas faire attention.

Les assistants me regardent ébahis et le juge me
demande :

« — Comment t'appelles-tu ?

« — Je m'appelle Ni.

« — Ton prénom ?

« — Pok-Myeng-y (ce qui veut dire Félix-Clair).

« — Depuis quand es-tu venu ?

« — Je suis venu à la septième lune.

« — Par quelle route ?

« — Par Tchang-san (cap le plus à l'ouest de la côte de Corée).

« — Pourquoi es-tu venu ?

« — Pour prêcher la religion catholique et enseigner aux hommes à se bien conduire.

« — As-tu instruit beaucoup ?

« — Arrivé depuis si peu de temps, je n'ai pas eu le loisir d'instruire beaucoup de personnes.

« — Quels sont ceux qui t'ont amené ?

« — Comme la réponse à cette question pourrait causer du dommage à plusieurs personnes, c'est pour moi un devoir de n'y pas répondre.

« — Où sont ceux que tu as instruits ?

« — Je connais peu le pays, j'ignore où habitent ceux que j'ai pu voir ; de plus, par le même motif que j'exposais tout à l'heure, vous comprenez que je ne puis vous donner le nom d'aucun de ceux qui ont eu des rapports avec moi.

« — Es-tu Père ?

« — Oui, et, de plus, je suis évêque.

« — Ah ! c'est sans doute le Père Ni d'autrefois, qui, s'étant échappé, est devenu l'Évêque Ni ?

« — Vous avez dit vrai : c'est ainsi qu'il en est.

« — Eh bien! ajouta-t-il, qu'on l'emmène et qu'on le traite bien. »

Après avoir quitté le tribunal, Mgr Ridel fut mis aux ceps. Les ceps se composent de deux pièces de bois superposées, longues d'environ quatre mètres et larges de quinze centimètres. A la pièce inférieure se trouvent des échancrures dans lesquelles on place le pied à la hauteur de la cheville; lorsque les pieds du patient sont ainsi placés, on abaisse la partie supérieure, qui se meut au moyen d'une charnière posée à l'une des extrémités, tandis qu'à l'autre elle se ferme par un cadenas. Cet instrument s'appelle en coréen « tchak-ko ».

Le 31 janvier, l'évêque entendit une conversation secrète : on parlait d'exécution pour le lendemain. Il crut que sa sentence de mort avait été portée. Sur son *Ordo,* à la date du 1er février, se lisent ces lignes : « Récité l'office jusqu'à none; dans quelques instants, je vais probablement mourir : je suis tout à Dieu. Vive Jésus! Dans quelques instants, je vais être au ciel! »

Il se trompait. La brillante couronne des martyrs ne lui était point réservée. Dans le conseil des ministres, il avait été question de lui, cependant, et l'on s'était demandé « ce qu'il convenait de faire de l'Européen. » Les uns voulaient le renvoyer en Chine, les autres voulaient le mettre immédiatement à mort. Un commis aux écritures lui dit un jour : — On a envoyé en Chine pour consulter le gouvernement à votre sujet, et ce qu'il ordonnera de faire, on le fera.

Le 16 mars, au matin, on plaça une chaise à porteurs devant sa porte : — Évêque, commanda le chef des satellites, monte là-dedans! — Pour aller où? — Tu le sauras bientôt, monte vite. On le conduisit au tribunal. Deux mandarins siégeaient. Ils étaient en grand uniforme : des bonnets ou mitres en crin avec des volants pendant de chaque côté, de grands habits de soie bleue retenus par une ceinture richement ornée d'écailles de tortue ou de pierres précieuses.

« Celui de droite s'appelle Kim, dit Mgr Ridel, je l'avais déjà vu ; il a une figure ronde, réjouie et paraît avoir de quarante à cinquante ans; celui de gauche, Ni-Kyeng-ha, le juge de Mgr Berneux et de nos autres confrères, célèbre par ses nombreuses exécutions en 1866-1868, paraît avoir soixante ans; il a des yeux de tigre, une figure allongée, sévère et féroce qui indique le mépris et la cruauté; il ne rit jamais, n'écoute aucune supplication, aucun conseil, et veut seul décider par lui-même : caractère dur et tranchant. »

Après plusieurs questions adressées au prisonnier sur son nom, son âge, son séjour en Corée :

« — Quel est ton pays? demanda le juge.

« — Poul-lan-sya.

« — Écris cela.

« On me fait passer du papier et un pinceau, et j'écris *Poul-lan-sya* en coréen.

« Le juge regarde et dit : — Écris-le aussi en ta langue.

« J'écrivis *France*. Alors je sentis comme un nuage me passer sur le cœur : pauvre pays! pauvre France! Et tout à la fois j'éprouvai un sentiment de tristesse et de fierté.

« — As-tu une dignité dans ton pays?

« — Je n'ai pas de dignité, je n'exerce aucune fonction.

« — Quand tu retourneras, ton gouvernement te donnera de grands emplois, une haute dignité ?

« — Quand je suis venu en Corée, c'était pour y vivre
et y mourir ; j'avais l'intention d'y rester jusqu'à la
mort. Quand bien même je retournerais dans mon pays,
je n'aurais aucun emploi.

« — On m'a fait voir ton passeport, d'où l'as-tu
obtenu ?

« — Je l'ai obtenu de la cour de Pékin, qui en donne
à tous les missionnaires, afin qu'ils puissent circuler
sans être arrêtés ni inquiétés.

« — Quel est le cachet qui est dessus ?

« — Je pense que c'est le cachet du gouvernement
chinois.

« — Est-ce le cachet du tribunal des Rites ou d'un
autre ?

« — Je ne puis répondre, ne le connaissant pas.

« — Est-ce toi qui l'as demandé au gouvernement
chinois ?

« — Non, c'est le ministre de France résidant à Pékin
qui l'a demandé pour moi.

« — Comment s'appelle ce ministre ?

« — Il s'appelle Louis de Geofroy.

« — Comment dis-tu ?

« — Louis de Geofroy.

« Alors tous les assistants, prêtant l'oreille, essaient
de répéter, et j'entendis les plus habiles qui disaient,
en pinçant les lèvres, avec force grimaces : — Nui te
So-poa. .

« — Qu'es-tu venu faire ?

« — Prêcher une belle doctrine.

« — Quelle doctrine ?

« — La religion catholique qui enseigne à honorer le Maître du ciel (Dieu). »

Trois jours plus tard, Mgr Ridel fut jeté dans un cabanon où se trouvaient plusieurs chrétiens et un païen. C'était une sorte de hutte de quelques pieds carrés, n'ayant qu'une porte pour toute ouverture; sur le plancher, on avait étendu une couche de paille pourrie, qui servait de lit aux captifs; les murs solides étaient recouverts de planches de tilleul disjointes. Les prisonniers sortaient pendant quelques minutes chaque jour, ils portaient des vêtements sales, usés, déchirés, ils n'en changeaient jamais; ils mangeaient deux bols de riz par jour avec un peu de sel et quelquefois des légumes. Mgr Ridel devait rester trois mois et demi dans ce cachot.

— Quelle est la règle de la prison? demanda-t-il en entrant.

— La règle, la règle, répondit le païen, c'est de s'asseoir sur la paille et de rester tranquille.

Parmi les captifs, il y avait une jeune femme à peine âgée de vingt-six ans et mère de deux enfants dont le dernier n'avait pas plus de six mois. Mariée à un païen, elle l'avait converti; mais au moment de la persécution, elle avait apostasié. Malgré cela, elle avait été jetée en prison. Le souvenir de sa faute ne lui laissait aucun repos. Profitant d'un moment de distraction des satellites, elle fit le signe de la croix et s'inclina du côté de l'évêque en versant d'abondantes larmes. Il était impossible de la confesser. A un moment convenu, Mgr Ridel prononça, de sa place, la formule d'absolution et la jeune femme rassérénée, forte, désormais heureuse, retrouva, avec le calme de la conscience, toute l'énergie de sa foi.

En vérité, sommes-nous bien à Séoul, dans la petite capitale d'un royaume inconnu ou à Rome la souveraine du monde? Est-ce un évêque français du dix-neuvième siècle qui console et absout d'humbles enfants de la Corée, ou Paul qui bénit des matrones et des chevaliers romains, ses compagnons de captivité?

A côté de ces joies intimes, profondes et singulièrement suaves, Mgr Ridel en avait d'autres; il nous les a redites et l'âme du prêtre, le cœur de l'apôtre se peignent trop fidèlement dans son récit pour que nous le passions sous silence

« Si j'ai souffert beaucoup pendant ces jours de captivité, j'ai été consolé bien souvent par la vue de nos chrétiens. Doux, patients, dociles, saisissant l'occasion de rendre service à tout le monde, il ne leur échappait jamais une injure, ni une mauvaise parole. Dès le matin, ils commençaient leur journée par la prière, ils priaient et méditaient pendant le jour, et le soir, quelquefois pendant la nuit, ils faisaient encore de longues prières. On prie bien en prison. Dieu semble plus présent et l'on connaît mieux son propre néant. Pour employer mon temps, je m'étais fait un règlement, et ainsi je pouvais faire tous mes exercices, ordinairement sans être dérangé. Je disais la messe en esprit ou j'y

assistais de la même manière; je n'avais pas de bréviaire, j'y suppléais par le rosaire, ayant bien soin de
cacher mon chapelet, que l'on aurait pu m'enlever.
J'aimais à me transporter dans quelque église pour y
faire une visite au Très Saint-Sacrement. Dans le cours
de la journée, je pouvais facilement faire plusieurs
méditations, et mon temps était réglé comme pour
une retraite de huit jours; elle s'est prolongée bien au
delà. Un exercice que l'on fait fort bien en prison et
qui rapporte beaucoup de consolations, c'est le chemin
de la croix. Que de grâces le Seigneur me prodiguait
dans ces jours de recueillement ! »

Le 5 juin, anniversaire du sacre de Mgr Ridel, le chef
du poste se présenta dans la prison. — Prenez votre
grand habit, dit-il à l'évêque, et suivez-moi. Mgr Ridel
obéit, le soldat le conduisit dans un coin éloigné et lui
donna de l'eau pour se laver.

« Le soleil paraissait, a écrit le captif, je caressai
quelques brins d'herbe qui poussaient là; il y avait si
longtemps que je n'en avais vu; je contemplai le ciel. Je
pus même voir des montagnes dans le lointain; tout
me paraissait nouveau, tout me paraissait beau. »

Le cœur bat plus vite et les yeux se mouillent de
larmes en lisant ces lignes.

Que s'était-il donc passé? et quelle était la cause de
la clémence des Coréens à l'égard de Mgr Ridel?

Le ministre de France à Pékin avait prié le gouvernement chinois de demander au gouvernement coréen
la délivrance de l'évêque missionnaire. On était loin
des jours où, après la mort de Mgr Berneux, le régent

faisait à la Chine cette orgueilleuse réponse : « Ce n'est pas la première fois que des Français sont tués en Corée et jamais leurs compatriotes n'ont réclamé ; du reste, personne n'a rien à voir dans les affaires de notre pays. » La demande du gouvernement chinois eut cette fois un plein succès. Le prisonnier obtint la liberté, ce ne fut cependant que la liberté de l'exil. Il fut conduit de bourgade en bourgade jusqu'à la frontière. Lorsqu'après avoir traversé le fleuve Ap-nok-ang, il mit le pied sur la terre de Chine, il se retourna pour contempler une dernière fois ce pays, où il avait tant souffert et qu'il aimait d'un si ardent, si vrai et si profond amour.

« Quel beau panorama ! s'écrie-t-il dans le journal de sa captivité. C'est comme un sourire de la Corée que je suis forcé de quitter. Du fond de mon cœur embrassant tout le pays, je lui envoyai ma plus tendre bénédiction en disant : Au revoir ! que ce soit bientôt ! »

VIII

Quoique éloigné de sa mission, le vénérable confesseur de la foi s'en occupa activement, multipliant ses démarches, soit à Pékin, soit à Tokio, cherchant avec le concours de nos représentants à intéresser les gouvernements chinois et japonais au sort de ses chrétiens persécutés. En même temps, il mit la dernière main à un travail considérable qu'il avait entrepris depuis longtemps ; et rédigea, avec la collaboration de ses missionnaires, une grammaire et un dictionnaire coréens.

Le dictionnaire comprend une partie lexicographique riche de vingt-huit à trente mille mots coréens et deux appendices. Le premier donne, par ordre alphabétique, la conjugaison d'un verbe modèle; le second est un dictionnaire géographique de la Corée actuelle, accompagné d'une carte du pays.

Pour faciliter l'étude et se mettre à la portée de tous, le dictionnaire présente, à côté de chaque mot coréen, sa prononciation figurée en caractères européens.

La composition de l'ouvrage entier n'a pas duré moins de dix ans, durant lesquels, aux résultats de la veille, venaient patiemment s'ajouter ceux du lendemain.

C'est le fruit, non d'un travail isolé, mais d'une active et attentive collaboration, où les découvertes particulières ne furent enregistrées qu'après avoir subi l'épreuve du contrôle commun et d'une critique sévère.

« Une telle publication, conclut M. l'abbé Nicol[1], démontre, une fois de plus, que les missionnaires ne se désintéressent nullement de ce qui touche au progrès bien compris, et savent même, sur le sol le moins hospitalier et au milieu des difficultés de tout genre, consacrer une part de leur temps à doter la science de trésors ignorés.

« Les deux ouvrages étaient faits en coréen et en français. Les missionnaires protestants de Chine offrirent à Mgr Ridel de les faire traduire en anglais, de payer tous

---

[1] M. l'abbé Nicol a publié dans *la Semaine religieuse* de Vannes, une très remarquable notice biographique sur Mgr Ridel.

les frais d'impression et de lui donner pour sa mission une large rémunération de son travail. Les Allemands lui firent des offres encore plus séduisantes.

« — Non ! jamais, répondit-il, je ne consentirai à vendre aux autres le travail de quinze années de ma vie. Je suis Français et je veux que les Coréens apprennent la langue de la France et non pas celle des nations étrangères. »

Cependant, dans ses voyages et au milieu de ses travaux, Mgr Ridel appelait sans cesse de ses vœux le jour où il pourrait rentrer dans sa chère mission. S'il n'avait consulté que son cœur, il eût bien vite surmonté tous les obstacles, bravé tous les périls et pénétré de nouveau dans ce pays obstinément inhospitalier. Mais il savait qu'il était trop en vue pour espérer de pouvoir reparaître sans être aussitôt remarqué, et il craignait, non sans raison, que son retour ne compromît la situation et ne ramenât la persécution. Dans cette perplexité, il consulta le Saint-Siége qui, tout en le félicitant de son zèle et de son courage, lui conseilla de différer l'exécution de son généreux dessein.

Ce conseil fut pour lui un ordre, mais un ordre qui frappa douloureusement à son cœur de missionnaire et d'évêque. L'espérance en des jours meilleurs le soutenait cependant. On parlait déjà des tentatives que les gouvernements des États-Unis, d'Angleterre et d'Allemagne faisaient pour entrer, à la suite des Japonais, en relation avec les Coréens. On pouvait espérer que les barrières qui fermaient ce pays à la civilisation et à l'Évangile allaient bientôt tomber.

Quand vint cette liberté si ardemment désirée, Mgr Ridel ne pouvait plus en profiter.

Sa santé avait été profondément affaiblie ; ses cheveux blancs, son visage amaigri, rappelaient éloquemment les longues souffrances de la prison. Pendant un voyage au Japon, il fut frappé de paralysie ; et Mgr Petitjean lui administra les derniers sacrements.

Contre toute attente, un mieux sensible se manifesta; il se rendit alors au sanatorium de Hong-Kong, mais la science fut impuissante à triompher du mal, et Mgr Ridel dut, en 1882, prendre la route de la France.

Les soins dévoués qu'il reçut dans sa famille et au Séminaire de Paris lui procurèrent quelque soulagement, mais non la guérison. Le 20 juin 1884, en la fête de l'adorable Cœur de Jésus, une seconde attaque de paralysie se déclara, et l'âme du pieux et vaillant évêque alla vers Dieu, recevoir la récompense de vingt-cinq années de souffrances héroïquement supportées.

Sa vie tout entière, en effet, est une vie de luttes et d'oppositions. Jeune prêtre, il doit retarder son entrée au Séminaire des Missions-Étrangères ; missionnaire, il est deux fois, en cinq années, arrêté par la maladie ; la sixième année, il est chassé par la persécution du pays auquel il s'est dévoué ; évêque, il essaie à plusieurs reprises d'évangéliser son peuple, il en est empêché par les hommes et par les éléments ; enfin, au bout de dix ans, il réussit, mais pour combien de temps ? Trois mois s'écoulent dans le labeur auquel son âme aspire depuis si longtemps et il est jeté en prison. Lorsque, rendu à la liberté, il recommence à travailler par d'autres moyens

au bien de sa mission, une maladie incurable le saisit
et le ramène en France, où il meurt. C'est la croix toujours, partout, la croix dans ce qu'elle a de plus lourd,
de plus douloureux, dans le renoncement continu à la
réalisation du désir le plus intense et du vœu le plus
ardent.

Un jour peut-être les missionnaires trouveront sur le
sol de Corée une moisson abondante et facile; qu'ils
songent alors, que parfois les fils obtiennent la gloire et
le bonheur qu'ont mérités leurs pères, qu'ils aient
un souvenir et une parole d'actions de grâces pour
ceux qui avant eux ont prié, pleuré, souffert dans
l'obscurité et dans la douleur d'une attente sans fin;
pour l'évêque qui, pendant de longues années, a
vécu humble et ignoré dans la paroisse de Notre-Dame-
des-Neiges et dont le corps repose au bord de l'Océan,
dans un modeste cimetière de Bretagne.

MGR PETITJEAN

ÉVÊQUE DE MYRIOPHITE, VICAIRE APOSTOLIQUE DU JAPON

(1829-1884)

Entre la vie de Mgr Ridel et celle de Mgr Petitjean, il y a plus d'une analogie, mais aussi des différences nombreuses et profondes.

Tous les deux ont vécu à la même époque, à peu près le même nombre d'années ; ils ont exercé le ministère paroissial en France ; ils ont été missionnaires, l'un en Corée, où tout Européen était condamné à mort, l'autre au Japon, où le catholicisme était proscrit ; tous les deux sont morts évêques la même année. Ce sont là les ressemblances.

Voici les différences : au moment où Mgr Ridel pénètre en Corée, pendant une nuit sombre, à la faveur d'un déguisement, Mgr Petitjean entre au Japon, au grand jour, gardé par l'Europe et par les traités. Pendant que le premier parcourt en secret un immense district, confessant et baptisant, le second reste à Nagasaki sans avoir la liberté de prêcher et de convertir.

Lorsque Mgr Ridel quitte la mission de Corée agonisante sous le glaive des persécuteurs, Mgr Petitjean retrouve pleine de vie l'Église du Japon. L'un multiplie les tentatives pour rentrer dans sa mission désolée, et l'autre organise la sienne, fonde des écoles et des hôpitaux, élève des églises, construit des séminaires. Tandis que le Vicaire Apostolique de Corée languit dans les prisons de Séoul, le Vicaire Apostolique du Japon divise en deux parties sa mission devenue trop importante. L'un s'endort de son dernier sommeil sur la terre de France et l'autre repose au pied de l'autel de la chapelle de Nagasaki.

Tous les deux cependant ont eu le même but, la même intelligence pour comprendre le bien, la même énergie pour l'accomplir ; tous les deux ont dépensé leur vie pour Jésus-Christ et pour les âmes ; l'un a vu tous ses travaux couronnés de succès, et l'autre tous ses efforts en apparence inutiles. Mystère insondable des destinées humaines et des vouloirs divins. Il y a des élus de la souffrance et des élus de la joie : Mgr Ridel fut un élu de la souffrance, Mgr Petitjean, un élu de la joie. A tous les deux Dieu a donné la suprême et glorieuse récompense promise aux bons et fidèles serviteurs.

I

Mgr Bernard Thaddée Petitjean est né à Blanzy, dans le diocèse d'Autun, le 14 juin 1829.

« Au catéchisme, l'enfant se fit remarquer par son

recueillement et sa piété. Le curé de Blanzy ayant discerné chez lui de sérieuses aptitudes à la vocation ecclésiastique, lui facilita généreusement les moyens de correspondre à l'appel de Dieu, et l'admit dans une école de latin où il fit faire lui-même à Bernard toutes ses études classiques. Le jeune écolier avait de l'ouverture d'esprit, de l'application, un grand désir de bien faire. Dès cette époque, il lisait avec une avidité remarquée de son maître et de ses condisciples, le recueil des *Annales de la Propagation de la Foi*, et s'enquérait avec un intérêt particulier de tout ce qui touchait aux missions chez les peuples infidèles.

« Après avoir achevé son cours de théologie au grand séminaire d'Autun, il passe deux ans au petit séminaire comme professeur. De 1854 à 1856, il exerce le saint ministère à Verdun, où il laisse les meilleurs souvenirs. Pendant les deux années suivantes, il parcourt le diocèse en qualité de missionnaire.

« Au témoignage de son supérieur, l'abbé Petitjean obtint des succès remarquables dans les diverses missions auxquelles il fut employé. Il gagnait tous les cœurs par sa voix sympathique, sa parole pleine d'onction, sa piété et sa modestie.

« Le 27 décembre 1858, il fut désigné pour être aumônier des sœurs du Saint-Enfant-Jésus, dont la maison-mère et le noviciat sont établis à Chauffailles.

« Il ne devait y demeurer que six mois. Le 30 juillet 1859, âgé de trente ans, voulant obéir à la voix intérieure qui le pressait de consacrer le reste de sa vie à l'évangélisation des nations infidèles, il quitta le diocèse et se rendit au Séminaire des Missions-Étrangères, à Paris.

« On se souvient encore dans la paroisse que craignant d'être arrêté dans l'exécution de son projet, le futur émule des labeurs de saint Paul s'échappa, pendant la nuit,du presbytère de Chauffailles, où il logeait; comme l'apôtre, il descendit par une fenêtre pour s'échapper sans être aperçu. *Per fenestram in sporta dimissus sum per murum et sic effugi* (II Cor. XI, 33)[1]. »

M. Petitjean était au Séminaire depuis plus de huit mois, et l'époque de son départ pour les missions était proche, lorsqu'un événement inattendu en avança le jour et en fixa le but. Plusieurs jeunes missionnaires attendaient à Bordeaux le moment de s'embarquer ; un d'eux,le P. Berthet,qui était destiné pour le Japon, mourut subitement,et M. Petitjean fut envoyé en toute hâte pour prendre sa place à bord et en mission.

« Il avait donc travaillé pendant sept ans dans le diocèse de son baptême et de son sacerdoce, et il y avait exercé les emplois les plus divers : tour à tour maître et professeur de la jeunesse, vicaire, missionnaire, aumônier d'une importante communauté religieuse : c'est ainsi que la Providence le préparait à cet apostolat des missions étrangères, où le prêtre de Jésus-Christ doit cumuler, dans la multiple unité d'une vie dévorée par le travail, toutes les fonctions du saint ministère [2]. »

---

[1] *Lettre pastorale de Mgr l'évêque d'Autun.*
[2] *Ibid.*

II

A son arrivée à Hong-Kong, il fut envoyé aux îles
de Lieou-Kieou, près du P. Furet, resté seul depuis le départ pour le Japon des PP. Girard, Mou-
nicou et Mermet. Situées entre la Chine et le Japon
les îles Lieou-Kieou sont au nombre de trente-six. Ou-
Kigna, l'île principale, compte environ soixante mille
habitants; elle a pour capitale Choui, Nafa en est le
port le plus fréquenté. C'est dans cette dernière ville
que le P. Petitjean résida pendant deux années. Sa vie
fut tout entière consacrée à l'étude et à la prière.

L'heure de prêcher n'avait pas encore sonné. L'empire Japonais, inaccessible depuis des siècles, avait
cependant été contraint d'ouvrir ses portes au commerce
étranger. En 1854, il avait signé un traité avec les
États-Unis, en 1856 avec la Hollande, en 1858 avec la
France.

L'article 4 de ce dernier traité est ainsi conçu :

« Les sujets français au Japon auront le droit d'exercer librement leur religion et, à cet effet, ils pourront y
élever, dans le terrain destiné à leur résidence, les édi-
fices convenables à leur culte, comme églises, chapelles,
cimetières, etc., etc.

« Le gouvernement japonais a déjà aboli dans l'empire l'usage des pratiques injurieuses au christianisme.»

C'était un premier pas vers la liberté. En 1863,
le P. Petitjean fut appelé à Yokohama d'abord, et à
Nagasaki ensuite avec le P. Furet.

Les deux missionnaires commencèrent la construction d'une chapelle dédiée aux premiers martyrs japonais et qui devait être le théâtre de la résurrection de l'Église du Japon. Ils eurent plus d'un obstacle à vaincre pour réussir dans leur entreprise ; tantôt c'était le gouvernement, tantôt les ouvriers, dont la mauvaise volonté arrêtait les travaux, d'autres fois l'argent faisait défaut, et il fallait s'adresser aux colonies européennes de Nagasaki, de Yokohama ou de Shang-haï, afin d'obtenir quelques secours.

Le P. Petitjean nous a gardé le souvenir d'une de ces difficultés et de la manière dont il la surmonta.

« Vers les premiers jours du mois de décembre, raconte-t-il, le constructeur menaçait de suspendre les travaux. Sur ces entrefaites, le gouverneur de la ville m'envoie deux de ses officiers avec prière d'accepter une chaire de professeur de français au collége qu'il vient de fonder pour l'étude des langues étrangères. Je réponds aux envoyés que, malgré tout mon désir d'être agréable à leur noble maître, il m'était impossible de donner une réponse avant d'être délivré des soucis de construction. — Mais quand désirez-vous que votre temple de la prière soit achevé, demandèrent-ils. J'indique le premier janvier. Ils me quittent sur cette parole, promettant de revenir bientôt. Dès le lendemain, les ouvriers arrivèrent en nombre triple ; on travailla le jour et la nuit si bien que l'église se trouva achevée au temps désigné.

« La reconnaissance m'obligeait à répondre aux propositions du gouverneur. C'est le 6 janvier, fête de l'Épiphanie, que j'ai commencé mon cours de langue française. N'était-ce pas un beau jour ? Qu'il soit véritablement pour mes élèves et pour ceux qui me les ont confiés, le jour de la manifestation de la foi et du retour à notre sainte religion. J'aime à espérer que ces leçons de langue française auront un bon résultat ; elles feront au moins connaître mieux le prêtre catholique dont le caractère a été si complètement dénaturé aux yeux du gouvernement japonais. »

La chapelle fut inaugurée le 19 février 1865.

Tous les navires européens, présents sur la rade de Nagasaki, voulurent prêter leur concours à la fête. La corvette russe, *Variag*, la corvette hollandaise, *Amsterdam*, la corvette anglaise, *Argus*, avaient député une partie de leur équipage pour se joindre au cortége. La France était représentée par son consul, par un détachement des marins du *Kien-Chan*, sous le commandement de M. Poutier, officier en second, et par les commerçants français établis à Nagasaki. Le commandant en chef de la division russe avait mis sa musique militaire à la disposition de M. Trève, lieutenant de vaisseau, commandant *le Kien-Chan*. Une salve de vingt et un coups de canon, tirés par la batterie du *Kien-Chan*, annonça la fin de la cérémonie, et jusqu'au coucher du soleil, un faisceau de drapeaux de toutes les nations représentées au Japon flotta sur le sommet de l'église.

Admirablement située sur le penchant d'une colline qui domine la rade et la ville de Nagasaki, la nouvelle chapelle fut bientôt le rendez-vous d'une foule de visiteurs. Mais ceux-ci « semblaient n'y être attirés que par une curiosité tout humaine, et, à leur égard, le zèle et le dévouement des missionnaires paraissaient frappés d'une complète stérilité.

«Ne restait-il donc plus rien, au Japon, de l'admirable chrétienté à laquelle avaient donné naissance la parole enflammée et les miracles de saint François-Xavier? de cette chrétienté qui, surabondamment arrosée et fécondée par le sang des martyrs pendant les dernières années du seizième siècle, comptait, au commencement du dix-septième, environ dix-huit cent mille fidèles?

« Il est vrai que, surtout depuis 1640, le Japon était devenu absolument inaccessible aux Européens (à l'exception des Hollandais) et surtout aux missionnaires catholiques.

« L'édit fameux qui fut publié en cette année, immédiatement après l'exécution de quatre ambassadeurs portugais, arrivés de Macao et débarqués à Nagasaki, s'exprimait en ces termes : « Tant que le soleil échauf
« fera la terre, qu'il n'y ait pas de chrétien assez hardi
« pour venir au Japon. Que tous le sachent : quand ce
« serait le roi d'Espagne en personne, ou le Dieu des
« chrétiens, celui qui violera cette défense le paiera de
« sa tête. »

« Ainsi fut-il fait en 1642, en 1647, en 1666, en 1709, c'est-à-dire à chaque tentative entreprise du dehors, pour essayer de porter les secours de la religion aux descendants des néophytes que le bras de saint François-Xavier s'était lassé à baptiser, et des glorieux martyrs qui avaient été cloués à la croix comme le Fils de Dieu et pour l'amour de lui.

« Toutefois, à quelques indices recueillis avec une pieuse avidité depuis le rétablissement de l'apostolat catholique dans l'Extrême-Orient, particulièrement en 1831 et 1838, par nos missionnaires en Corée, il était permis de supposer que, malgré les terribles et persistantes rigueurs déployées pendant deux siècles et demi contre les adorateurs du vrai Dieu, tout vestige du christianisme n'avait pas disparu du Japon, et qu'un jour peut-être, s'il était possible de pénétrer dans l'intérieur du pays au delà des ports ouverts aux Européens, on retrouverait cachées, sous la cendre épaisse des superstitions païennes, quelques étincelles de la foi véritable [1]. »

III

Ce fut au P. Petitjean que la Providence réserva l'incomparable honneur et l'ineffable joie d'être l'instrument de cette découverte.

Il a raconté dans des pages émouvantes comment il fut mis sur les traces de cette Église chrétienne que l'on croyait complètement anéantie.

« Un mois à peine s'était écoulé depuis la bénédiction de l'église de Nagasaki. Le 17 mars 1865, vers midi et demi, une quinzaine de personnes se tenaient à la porte de l'église. Poussé sans doute par mon bon ange, je me rends auprès d'elles et leur ouvre la porte. J'avais à peine eu le temps de réciter un *Pater* que trois femmes

---

[1] *Lettre pastorale de Mgr l'évêque d'Autun.*

de cinquante à soixante ans s'agenouillent près de moi
et me disent, la main sur la poitrine et à voix basse :

« — Notre cœur à nous tous qui sommes ici ne diffère point du vôtre.

« — Vraiment ! Mais d'où êtes-vous donc ?

« Elles me nomment leur village et ajoutent :

« — Chez nous, presque tout le monde nous ressemble.

« Soyez béni, ô mon Dieu ! pour tout le bonheur dont
mon âme fut alors inondée. Quelle compensation des
cinq années d'un ministère stérile ! A peine nos chers
Japonais se sont-ils ouverts à moi qu'ils se laissent aller
à une confiance qui contraste étrangement avec les
allures de leurs frères païens. Il faut répondre à toutes
leurs questions, leur parler de *O Deous sama, O Yaso
sama, santa Maria sama,* noms par lesquels ils dési-
gnent Dieu, Notre-Seigneur Jésus-Christ, la sainte
Vierge. La vue de la statue de Notre-Dame avec l'enfant
Jésus leur rappelle la fête de Noël, qu'ils ont célébrée au
onzième mois, m'ont-ils dit. Ils me demandent si nous
ne sommes pas au dix-septième jour du temps de tristesse (carême). Saint Joseph ne leur est pas non plus
inconnu ; ils l'appellent : le père adoptif de Notre-
Seigneur : *O Yaso samano yo fou.* Au milieu des questions qui se croisaient, un bruit de pas se fait entendre ;
tous aussitôt de se disperser. Mais dès que les nouveaux arrivants sont reconnus, tous accourent en riant
de leur frayeur.

« — Ce sont des gens de notre village, ils ont le
même cœur que nous.

« Il fallut pourtant se séparer afin de ne pas éveiller les soupçons des officiers dont je redoutais la visite. »

Le jeudi et le vendredi saints, 13 et 14 avril, quinze cents personnes visitent l'église de Nagasaki; le presbytère est envahi; les fidèles en profitent pour satisfaire en secret leur dévotion devant les crucifix et les statues de la sainte Vierge. Les premiers jours de mai, les missionnaires apprennent l'existence de deux mille cinq cents chrétiens disséminés dans le voisinage de la ville. Le 10, les chrétiens viennent en si grand nombre que, pour les soustraire au danger d'être reconnus par les satellites, on doit fermer l'église une partie de la journée.

« Le 15 mai, écrit le P. Petitjean, arrivent les députés d'une île peu éloignée d'ici. Après un court entretien, nous les congédions, ne gardant auprès de nous que le catéchiste et le chef de la pieuse caravane. Le catéchiste, nommé Pierre, nous donne les plus précieux renseignements. Disons d'abord que sa formule de baptême ne diffère pas de la nôtre et qu'il la prononce très distinctement. Il reste encore, affirme-t-il, beaucoup de chrétiens dans tout le Japon, un peu partout. Il me cite, en particulier, un point où sont groupées plus de mille familles chrétiennes. Il nous interroge ensuite sur le grand chef du royaume de Rome, dont il désire savoir le nom. Lorsque nous lui disons que l'auguste vicaire de Jésus-Christ, le saint pontife Pie IX, sera bien heureux d'apprendre les consolantes nouvelles que lui et ses compatriotes chrétiens viennent de nous donner, Pierre laisse éclater toute sa joie. Et néanmoins, avant de nous quitter, il veut s'assurer encore si nous sommes bien les successeurs des anciens missionnaires.

« — N'avez-vous point d'enfants ? nous demande-t-il d'un air timide.

« — Vous et tous vos frères chrétiens et païens du Japon, voilà les enfants que le bon Dieu nous a donnés. Pour d'autres enfants, nous ne pouvons pas en avoir ; le prêtre doit, comme vos premiers apôtres, garder toute sa vie le célibat.

« A cette réponse, Pierre et son compagnon inclinent leur front jusqu'à terre en s'écriant :

« — Ils sont vierges. Merci ! merci ! »

Le lendemain, tout un village chrétien demandait la visite des missionnaires, et deux jours après six cents autres chrétiens envoyaient à Nagasaki une députation de vingt personnes. Au 8 juin, vingt-cinq chrétientés étaient connues des missionnaires et sept baptiseurs s'étaient mis en relation directe avec eux.

« Ainsi, en l'absence de tout secours extérieur, sans les sacrements, sauf le baptême ; par l'action de Dieu d'abord, puis grâce à la fidèle transmission dans les familles des enseignements et des exemples des chrétiens et des martyrs japonais des seizième et dix-septième siècles, le feu sacré de la foi véritable, ou du moins une étincelle encore ardente de ce feu était demeurée dans un pays tyrannisé par le gouvernement le plus despotique et le plus hostile à la religion chrétienne ! ! ! Il n'y avait donc qu'à souffler sur cette étincelle et à en ranimer la flamme pour réaliser une fois de plus le vœu exprimé par le Sauveur : « Je suis venu apporter le feu sur la terre, et que veux-je, sinon qu'il s'allume [1] ? »

Ce fut là, on peut le dire, l'œuvre la plus importante et aussi la plus ardue du P. Petitjean ; le succès exigeait beaucoup de patience, de travail et de prudence. Il fallait, en effet, au milieu de difficultés et de périls de toutes sortes, dissiper les doutes des chrétiens, rassurer leur timidité, fixer leurs hésitations, contenir les ardeurs imprudentes, éloigner les dangers d'une persécution menaçante, et préparer les fidèles au combat et au martyre. Tout cela, le P. Petitjean l'entreprit et le réalisa avec un rare bonheur.

IV

Cependant, les événements de Nagasaki n'avaient pu demeurer entièrement secrets. Pie IX en avait été le premier confident. Le grand Pape, en apprenant ces détails, n'avait pu retenir des larmes de bonheur.

La Providence avait clairement indiqué l'instrument qu'elle avait choisi pour faire sortir du tombeau l'Église du Japon, les hommes ne pouvaient qu'accepter ce choix avec joie et empressement. Le P. Petitjean fut nommé, en mai 1866, évêque de Myriophite et Vicaire Apostolique du Japon. Après avoir découvert les descendants des martyrs du dix-septième siècle, il allait les gouverner. Le sacre eut lieu à Hong-Kong, en octobre de la même année.

----

[1] *Lettre pastorale de Mgr l'évêque d'Autun.*

De retour dans sa mission Mgr Petitjean, aidé de ses anciens et nouveaux collaborateurs, se remit à l'œuvre, et déjà plusieurs milliers de chrétiens avaient été préparés à la réception des sacrements, quand éclata la persécution (novembre 1867).

Les néophytes furent en butte à des vexations de toutes sortes; des milliers d'hommes et de femmes furent emprisonnés ou exilés, plusieurs centaines moururent de misère.

Au mois d'avril et au mois de juin 1868, deux édits impériaux proscrivirent la religion de Jésus-Christ, promirent un salaire aux délateurs et prononcèrent de rigoureux châtiments contre les chrétiens.

Le premier décret était ainsi conçu :

« Comme l'abominable religion des chrétiens est sévèrement prohibée, chacun sera obligé de dénoncer aux autorités compétentes toutes les personnes qui lui paraîtront suspectes ; une récompense lui sera accordée pour ce fait.

« TAISEICOUAN. »

Quatrième année keio, troisième mois
(Du 24 mars au 22 avril 1868)

Cet édit fut affiché aux portes de Yokohama, ville située sur la baie d'Yedo, et qui était la résidence des ministres étrangers.

Au mois de juin parut le second décret :

DÉCRET DU DIX-HUITIÈME JOUR DU CINQUIÈME MOIS INTERCALAIRE (8 JUIN)

« Quoique la secte des chrétiens ait été, il y a déjà plusieurs siècles, très rigoureusement persécutée par le gouvernement de Baukfon, elle n'a pas été totalement exterminée. C'est pourquoi, le nombre des disciples de la doctrine chrétienne, ayant récemment pris un accroissement considérable dans le village d'Ourakami, près de Nagasaki, village dont les habitants y adhèrent secrètement, après mûre réflexion, il a été ordonné par la plus haute autorité que les chrétiens seraient mis en prison. »

Au mois de novembre, cent chrétiens furent enlevés de l'île de Firando ; on les plongea dans l'eau glacée pour les déterminer à apostasier, la plupart demeurèrent fermes dans la foi.

D'octobre 1869 à janvier 1870, 4,500 chrétiens furent enlevés d'Ourakami et des îles Goto.

Des navires furent chargés de prisonniers, toutes les familles furent divisées; les hommes transportés isolément ; les femmes et les filles vendues pour l'esclavage et le déshonneur ; le produit de cette vente fut destiné au payement des indemnités dues aux Européens.

Les enfants qui ne pouvaient suivre leurs parents étaient foulés aux pieds jusqu'à la mort *(trampled to death)* : leurs parents n'avaient pas la permission de les relever et de les emporter *(Chenese Telegraph,* 4 août 1870).

Les prisonniers recevaient à peine le quart des aliments nécessaires à leur nourriture.

La vallée d'Ourakami fut changée en désert.

Mais ce n'était pas en vain que les chrétiens avaient pour ancêtres les martyrs du dix-septième siècle ; leur courage ne faillit point, et le Souverain Pontife Pie IX, répondant aux lettres des fidèles de la vallée d'Ourakami et des élèves du séminaire, pouvait en toute vérité écrire ces paroles à Mgr Petitjean.

« Ce n'est pas sans un transport doux à notre cœur que nous avons reçu ces lettres. Il y brille, en effet, une foi si ferme, un si puissant amour de la religion, des sentiments si vifs de reconnaissance pour le bienfait de la doctrine évangélique, tant de soumission à cette chaire de Pierre, tant de grandeur d'âme, que non seulement l'affliction causée à notre cœur par vos infortunes en est effacée, mais que nous sommes encore forcé de rendre grâces à Dieu pour le grand don de force fait à ces chrétiens. Nous félicitons donc ces bien-aimés fils de ce qu'au début même de leur entrée publique dans la foi, ils ont été jugés dignes de souffrir l'opprobre pour le nom de Jésus ; nous les félicitons de ce qu'ils ont parfaitement compris que la vie de l'homme sur la terre est un combat ; de ce qu'ils se sont souvenus que leur divin Maître a dit à ses disciples : « S'ils m'ont persécuté, ils vous persécuteront aussi, » et qu'il leur a prescrit à chacun de porter sa croix et de le suivre ; mais surtout nous les félicitons de ce qu'ils sont bien persuadés que ceux-là sont heureux qui sont persécutés par les hommes pour le nom du Seigneur, de ce qu'ils sentent qu'ils doivent se réjouir parce que leur récompense sera grande dans le ciel. »

V

L'orage ne se dissipa qu'en 1873. A partir de ce moment, le gouvernement japonais se montra disposé à la tolérance. Mgr Petitjean sut profiter de ces bonnes dispositions. Il s'empressa d'organiser la mission, d'établir partout des prêtres, de construire des églises, d'ouvrir des écoles; la tâche était rude, la mission était à son début, les missionnaires, presque tous, étaient des nouveaux venus, les ressources manquaient. L'œuvre de la Propagation de la Foi alloua d'abondants secours et le Séminaire de Paris envoya de nombreux ouvriers pour faciliter l'administration et l'évangélisation de cette mission si importante et si étendue. Afin d'aider les prêtres dans leurs œuvres de charité, Mgr Petitjean appela au Japon des religieuses de Saint-Maur et des religieuses du Saint-Enfant-Jésus de Chauffailles.

Vers la fin de l'année 1875, il vint en Europe demander au Saint-Siége la division de sa mission en deux vicariats. Le Japon méridional lui échut en partage; c'était là qu'était son œuvre par excellence, c'était là qu'il avait passé les années les plus belles et les plus fécondes de son apostolat.

A son retour, il se fixa d'abord à Osaca, ville très importante, la deuxième de l'empire, et dont le nom rappelle des pages glorieuses de l'histoire du christianisme. Grâce aux secours abondants que la piété des fidèles d'Europe lui avait donnés dans ce but, il y construisit une église magnifique, la plus belle du Japon. Puis les circonstances ou plutôt la Providence le ramena à Nagasaki : c'était là qu'il devait finir sa carrière à l'ombre de ce sanctuaire témoin du plus grand bonheur de sa vie, entouré des regrets, de l'affection et de la reconnaissance de ses enfants spirituels.

Mais avant de mourir, Dieu lui accorda la joie d'imposer les mains aux premiers prêtres de l'Église ressuscitée du Japon.

Son œuvre était accomplie sur la terre, le moment de recevoir la récompense était arrivée. Une maladie de foie, dont il était atteint depuis de longues années, faisait des progrès effrayants ; elle se compliquait d'une maladie de cœur et d'une anémie profonde. Cependant, le vaillant évêque n'écoutant que son zèle, continuait ses travaux.

Il avait rêvé de revoir avant de mourir les îles de Lieou-Kieou et d'y fonder un poste de missionnaires. Traversant à pied une partie de la grande île Kiou-Chiou, il était arrivé à Cazochima, où il devait s'embarquer, lorsque tout à coup il tomba gravement malade. Ramené à Nagasaki, il reçut les derniers sacrements ; pourtant il se releva contre toute attente ; mais dès lors sa vie ne fut plus qu'une longue suite de souffrances, au milieu desquelles sa patience et sa résignation ne se démentirent jamais.

Le 21 août 1884, il eut une crise terrible ; il y survécut, mais il demeura paralysé. A partir de ce jour, tout espoir était perdu, missionnaires et chrétiens attendirent dans la douleur et la prière le terrible moment qui devait leur ravir un père bien-aimé.

« Mardi 7 octobre, écrivait Mgr Laucaigne, qui pendant plus de quarante jours ne quitta pas le malade, Mgr Petitjean a rendu le dernier soupir. Il était entré en agonie dès le 5 au soir, fête du Saint-Rosaire : la nuit précédente, il avait peu reposé ; mais en revanche il avait été toute la nuit occupé du bon Dieu, tantôt invoquant le Sacré-Cœur, tantôt recourant à Marie, tantôt parlant de sa fin prochaine, comme s'il avait connu que le dernier jour n'était pas éloigné.

« Le dimanche matin, on lui rappela l'objet de la solennité : — Oh ! oui ! dit-il, je vais m'unir à tous les chrétiens qui prient la bonne Mère aujourd'hui. Pendant toute la journée, il fut très fatigué. Il se rendait compte de la gravité de son état : — Je sais, dit-il, qu'on fait neuvaines sur neuvaines pour obtenir de Dieu une guérison ; je m'unis volontiers à ceux qui prient dans cette intention ; je ne doute ni de la puissance ni de la bonté de Notre-Seigneur et de Notre-Dame, mais je ne pense pas que ceux qui demandent ma guérison soient exaucés ; il faut que je disparaisse pour que le bien se fasse ; une fois que je serai près du bon Dieu, je ne vous oublierai point. »

Le 7 octobre, il expira doucement. Les travaux, les luttes, les souffrances étaient finis, le bonheur éternel commençait.

A son entrée au Japon en 1863, Mgr Petitjean avait

trouvé quatre missionnaires européens célébrant la sainte messe dans une chambre de leur maison tranformée en oratoire; il n'y avait alors ni évêque, ni église, ni séminaire, on n'y connaissait pas un seul chrétien japonais. Quand il mourut, l'empire était divisé en deux vicariats apostoliques comprenant 30,530 chrétiens; chaque année, douze à quinze cents adultes recevaient le baptême; il y avait 2 évêques, 53 missionnaires européens, 3 prêtres indigènes, 252 catéchistes, 84 chapelles, 2 séminaires avec 79 élèves et 65 écoles comptant 2,331 élèves.

Tel était le merveilleux résultat de vingt-quatre années d'apostolat.

A la nouvelle de la mort de leur père bien-aimé, les catholiques accoururent de toutes parts pour contempler encore une fois ses traits, prier auprès de sa couche funèbre, et lui payer le tribut de leurs regrets et de leur douleur. Les obsèques du vénérable prélat eurent le caractère d'une véritable manifestation à laquelle prirent part les Européens de toutes nationalités et de toutes croyances, et plusieurs milliers de chrétiens indigènes. Aujourd'hui, les restes mortels de Mgr Petitjean reposent dans le sanctuaire de Nagasaki, au pied de l'autel où, il y a dix-neuf ans, l'Église du Japon est sortie du tombeau.

MGR CROC

ÉVÊQUE DE LARANDA, VICAIRE APOSTOLIQUE
DU TONG—KING MÉRIDIONAL

(1829-1885)

Missionnaire au Tong-King, aumônier des soldats français, évêque et diplomate, servant tour à tour l'Église et la France, la foi et la civilisation, gardant toujours et envers tous cette douceur, cette amabilité, cette bonté que lui avait donnée la nature et qu'avait embellie la vertu, tel nous apparaît Mgr Yves-Marie Croc pendant les trente et un ans de ca carrière apostolique.

I

Il naquit à Coaetreven, dans les Côtes-du-Nord, le 30 juin 1829 ; il mourut à Hong-Kong, en Chine, le 2 octobre 1885.

Après sa première communion, il fut envoyé au petit séminaire de Tréguier, où il fit de très bonnes études ; et, en 1849, il entra au grand séminaire de Saint-Brieuc.

« Il était toujours gai, plein d'entrain, nous dit un de ses amis les plus intimes ; d'une fidélité exemplaire au règlement. A peine entré dans la cléricature, il fut chargé du catéchisme des pauvres. Deux cents pauvres venaient, le dimanche et le jeudi, au séminaire, recevoir, avec l'aumône matérielle, l'aumône infiniment plus précieuse de l'instruction religieuse : l'abbé Croc eut là une belle occasion d'exercer son zèle ; mais bientôt la lecture des *Annales de la Propagation de la Foi* et, si je me rappelle bien, la parole éloquente d'un évêque missionnaire, le décidèrent à se consacrer aux Missions-Étrangères ; et, en 1854, il partait pour le Tong-King. »

La mission du Tong-King méridional comptait alors soixante-dix mille chrétiens, quatre prêtres européens, quarante-quatre prêtres indigènes, quatre-vingt-dix élèves dans les séminaires ; chaque année, le nombre des baptêmes d'adultes s'élevait de deux à trois cents, et le nombre des baptêmes d'enfants de deux mille cinq cents à trois mille.

Le P. Croc passa les premières années de son ministère caché tantôt dans une maison de chrétiens dévoués, tantôt dans les forêts ou sur une barque au bord du fleuve Gianh. Plus d'une fois, il faillit être pris par les satellites de Tu-Duc ; mais la Providence lui réservait de plus longs combats et de plus nombreuses victoires.

En 1859, à l'apparition de la flotte franco-espagnole sur les côtes de l'Annam, Mgr Gauthier répondit à l'appel de l'amiral Rigault de Genouilly et se rendit près de lui : le P. Croc accompagna le prélat. Dans leur pensée, tous deux ne devaient rester éloignés de leur mission que pendant une vingtaine de jours. C'était, hélas ! un exil de plusieurs années qui commençait.

Cet exil, le P. Croc l'employa au service de la France. Voici ce que Mgr Bouché, évêque de Saint-Brieuc et de Tréguier, dit à ce sujet : « L'amiral demanda un missionnaire pour l'adjoindre à son état-major comme interprète et en même temps pour se faire renseigner par lui sur la véritable situation du pays. Le P. Croc fut désigné par ses supérieurs pour ce poste important. Il apporta dans ces fonctions nouvelles l'intelligence et l'énergie qui le distinguèrent toujours, et il rendit de réels services au corps expéditionnaire. Le bon amiral, heureux de rencontrer dans son interprète un compatriote, en fit son commensal et bientôt son ami.

« Pendant les sanglantes journées de la bataille de Ki-Hoa, le P. Croc ne quitta pas l'amiral Charner, et partagea les mêmes dangers. Nous avons souvent entendu le cher amiral, lorsqu'il rappelait, avec son héroïque modestie, les épisodes de ce grand fait d'armes, qui valut à la France la conquête de la Cochinchine, parler de l'entrain et de la gaîté communicative de son *petit Breton*. C'est ainsi que le vainqueur de Ki-Hoa aimait à désigner le P. Croc. L'amiral demanda et obtint pour son interprète la croix de chevalier de la Légion d'Honneur : le corps expéditionnaire applaudit à cette distinction si bien méritée. »

Après le traité du 5 juin 1862, conclu entre l'amiral Bonard et les plénipotentiaires annamites, Mgr Gauthier,

Mgr Pellerin, le P. Herrengt, provicaire de la Cochinchine occidentale, envoyèrent trois missionnaires sonder les dispositions de Tu-Duc, et ses intentions au
sujet du libre exercice de la religion catholique et de
l'entrée des missionnaires en Annam. Les trois missionnaires choisis étaient les **PP.** Croc, Roy et Desvaux.
L'amiral Bonard, tout en regrettant de ne pouvoir,
avant la ratification du traité, leur donner une recommandation officielle, leur avait cependant donné une
recommandation officieuse pour les ministres et quelques
présents pour les mandarins venus autrefois à Saïgon ;
le colonel Palanca, commandant les forces espagnoles,
avait fait de même. Mais, la veille du départ, l'amiral
craignant, dit-il, de se compromettre, redemanda lettre
et présents. Dès lors l'insuccès de la tentative parut
certain. Néanmoins les trois missionnaires partirent le
23 juillet.

Le 5 août, ils arrivaient à l'embouchure de la rivière
de Hué. Le capitaine du port fit administrer cinquante
coups de rotin aux matelots qui les conduisaient. Le
lendemain, un mandarin vint de la capitale pour
recevoir leurs lettres ; ils n'avaient que celle du colonel
Palanca. On les prit pour des Espagnols.

— Nous sommes Français, dirent-ils.

— Alors pourquoi n'avez-vous pas de papier du
grand chef des Français ?

Les missionnaires durent répondre que, venus
uniquement pour prêcher la religion et nullement
pour s'occuper de politique, ils n'avaient pas cru cette
formalité essentielle. Ce fut après bien des instances

seulement qu'ils obtinrent en partie ce qu'ils demandaient. Le P. Roy fut conduit à Binh-Dinh ; mais les PP.
Croc et Desvaux, débarqués à Dong-Hoi, restèrent
en quelque sorte prisonniers : une garde d'honneur,
ainsi appelée parce que les soldats qui la composaient
faisaient les fonctions de geôliers, empêcha les missionnaires de se mettre en rapport avec les Annamites
chrétiens ou païens. Malgré les promesses des mandarins, le P. Croc n'eut point l'autorisation de pénétrer
dans sa mission.

Enfin, en 1863, il rentra au Tong-King en même temps
que Mgr Gauthier. Tous les deux, cette fois, étaient
munis de passeports ; cependant les mandarins les arrêtèrent et les consignèrent dans un petit village situé
sur les bords du Gianh. Quelques semaines plus tard,
Mgr Gauthier écrivait : « La persécution recommence
déjà sous mes yeux avec une violence inouïe. Je ren-
voie le P. Croc à Saïgon, afin de le conserver pour des
temps meilleurs, car nous sommes à la veille d'un
massacre général. » Mgr Gauthier avait, en effet, discerné les hautes qualités qui distinguaient le P. Croc, et
songeait à l'élever à la dignité épiscopale.

Heureusement, les craintes du vénérable évêque ne se
réalisèrent point, et le P. Croc, après avoir rendu à
la Sainte-Enfance et au Carmel des services dont on se
souvient encore, rentra bientôt dans sa mission. Il fut
alors chargé de l'arrondissement du Bô-Chinh.

II

Le Bô-Chinh est une vallée d'environ cent vingt lieues carrées, où l'on reléguait au siècle dernier les criminels de tout l'Annam. C'était un lieu d'exil mal famé et fort redouté. Cependant, les missionnaires n'avaient pas craint de venir y prêcher la doctrine de Jésus-Christ, et de ce petit enfer d'Annam, comme on appelait le Bô-Chinh, leur zèle avait fait le vestibule du ciel.

Cette contrée est entourée à l'ouest et au sud par une ceinture de hautes montagnes, un massif accidenté la sépare du bassin de la rivière de Dong-Hoï ; on voit encore sur les flancs de ses collines les ruines de fortes murailles qui, jadis, séparaient le Tong-King de l'Annam.

Toute la région est merveilleuse de pittoresque et d'imprévu. C'est là que se rencontrent les cavernes si fameuses que le Ngan-An traverse sous des voûtes de trois cents pieds d'élévation et dont les mille stalactites, en se réfléchissant dans le fleuve, présentent le tableau le plus féerique que l'on puisse imaginer.

A l'arrivée du P. Croc, on comptait dix-huit mille chrétiens dans le Bô-Chinh ; la plupart avaient courageusement supporté les malheurs de la persécution, quelques-uns cependant avaient reculé devant les supplices. Le missionnaire tourna vers ces derniers ses efforts les plus constants. Une chrétienté surtout l'attirait, celle de Lu-Dang, où un grand nombre de fidèles avaient apostasié ; il s'y rendit et fit d'abord visite au maire du village,

En général, l'Annamite ne commence pas la guerre par la violence ; il préfère la ruse, la politesse hypocrite, les formules flatteuses ; volontiers, il étoufferait sa victime sous des roses ; mais, si la victime regimbe, la force fait son œuvre.

Le maire reçut le P. Croc avec les démonstrations du respect le plus profond ; il le fit asseoir sur sa plus belle natte et lui servit son meilleur thé ; il loua le but de son voyage, lui offrit sa maison et lui assura qu'il donnerait aux habitants toute liberté de venir écouter les savantes leçons du maître européen.

Le P. Croc laissa passer ce flot de paroles ; il remercia simplement le maire de ses offres gracieuses. Il était fort touché de ses procédés, lui dit-il ; il en garderait bon souvenir ; mais, dans la crainte d'être importun, il demeurerait chez un chrétien. Le maire voulut expliquer qu'il n'y avait aucun chrétien à Lu-Dang, le P. Croc lui en indiqua plusieurs, le maire ne le nia point, seulement il les avait oubliés ; depuis si longtemps ces malheureux ne pratiquaient plus leur religion. D'ailleurs, lui-même conduisit le missionnaire à la maison indiquée.

Le lendemain, une foule énorme assistait au saint sacrifice ; le surlendemain, il n'y avait plus personne ; tout chrétien avait eu défense, sous peine de trente coups de rotin, d'assister à la messe ou même de parler au missionnaire, et aucun n'avait osé paraître. Leurs ancêtres étaient morts pour affirmer leur foi ; eux, autrefois, avaient reculé devant les souffrances de la prison, aujourd'hui ils craignaient quelques coups de bâton : ordinairement, ce n'est pas en un jour qu'on se relève d'une longue infidélité.

Le maire n'en était pas moins toujours doux, aimable et flatteur ; il regrettait vivement que personne ne vînt voir le prêtre ; mais qu'y faire ? en vérité il n'y pouvait rien. Le P. Croc connaissait la valeur de toutes ces protestations, mais sa patience et son savoir-faire se brisaient contre cette haine si vivace et si profonde sous sa forme cauteleuse. Il resta deux mois à Lu-Dang, protestant, priant, conjurant et par fois menaçant : tout fut inutile. A la fin, fatigués de sa patience, les notables du village le prièrent de se retirer, « les habitants, disaient-ils, commençaient à murmurer ; ils accusaient l'étranger de sorcellerie ; la prudence commandait de s'éloigner pour quelques jours ; plus tard, si le P. Croc voulait revenir, les esprits seraient [sans doute mieux disposés, et les notables du village, le maire plus que les autres, seraient heureux de le revoir. »

En même temps, le crieur public annonça au son des cymbales, dans tout le village, que le prêtre européen devait être considéré comme un ennemi, un perturbateur du repos public ; que tous ceux qui oseraient lui parler seraient sévèrement punis. La position n'était plus tenable : le missionnaire porta l'affaire à la préfecture, de la préfecture à la capitale ; les mandarins s'empressèrent de déclarer que le bon droit et la justice étaient du côté du P. Croc ; puis ils élevèrent à la dignité de chef de canton le maire de Lu-Dang, cause de tout le mal. Heureusement, le P. Croc trouva dans d'autres parties de son district de puissantes consolations ; et bientôt, sous son active impulsion, il vit ses œuvres se multiplier et la ferveur des chrétiens augmenter.

Lorsqu'en 1867 Tu-Duc pria Mgr Gauthier d'aller en France plaider sa cause et préparer la fondation d'un collége à Hué, le P. Croc, alors provicaire, fut chargé de la direction de la mission. Les circonstances étaient difficiles : la haine des lettrés n'était point assouvie ; de temps à autre, quelques chrétiens étaient massacrés, quelques villages brûlés ; des conjurés s'assemblèrent même pour préparer l'extermination des chrétiens : avant de se séparer, ils jurèrent de commencer leur œuvre par le P. Croc, de faire rôtir son cœur et de le dévorer.

Le jour de Pâques, à Hôi-Yên, une troupe de gens armés, au nombre de trois ou quatre cents, conduite par les lettrés, envahit l'église pendant la célébration des saints mystères, dépouille les femmes et les enfants et brûle le village. Quinze jours après, les malfaiteurs, enhardis par l'impunité, se divisent en plusieurs bandes et promènent partout le ravage et l'incendie. En trois jours, trente-deux villages deviennent la proie des flammes ; c'était une perte de cinquante mille francs environ. L'épouvante était partout, et l'ennemi approchait de la résidence du provicaire. Tous les établissements de la mission allaient être anéantis, et les missionnaires étaient à la veille d'être massacrés, quand le vice-roi envoya des troupes pour sauvegarder leur vie et leurs propriétés. Le mandarin n'agissait pas par pitié : il craignait d'avoir un jour à répondre devant son gouvernement et devant la France du sang versé au mépris des traités récemment conclus.

Dans ces circonstances difficiles, le vénéré provicaire s'acquitta de sa tâche avec une habileté qui mit plus que jamais ses qualités en relief. Aussi, à son retour de France, Mgr Gauthier s'empressa de le choisir pour coadjuteur et de le sacrer, le 7 juin 1868, sous le titre d'évêque de Laranda : *In sudore et sanguine,* telle fut la devise que le nouvel élu emprunta à un de ses prédécesseurs, Mgr Masson.

III

Quelques mois plus tard, Mgr Croc partait pour Rome, où le Souverain Pontife appelait les évêques du monde entier. Il interrompit son voyage pour faire un pèlerinage aux lieux saints ; lui qui commandait à tant de fils et de petit-fils de martyrs, il voulut, puisque la Providence lui en donnait l'occasion, aller se prosterner sur la terre arrosée par le sang du Roi des martyrs.

Bientôt il arriva dans la Ville Éternelle, où se trouvèrent réunis quinze évêques de la Société des Missions-Étrangères. Lorsqu'un de nos plus grands écrivain catholiques vit passer dans les rues de Rome ces vétérans de l'apostolat, venus de toutes les parties du monde, il ne put retenir le cri de son enthousiast foi. « De loin, dans leur sublime travail, écrivait Louis Veuillot en parlant des Vicaires Apostoliques, ils nous apparaissent couronnés de toutes les auréoles vraiment augustes que peut conquérir le labeur de la vie. De près comme de loin, ils soûtiennent le regard du monde, eux qui se sont éloignés du regard du monde pour vivre et mourir sous le regard de Dieu. Ils sont la poésie, l'enthousiasme et l'honneur de nos jours abaissés. Ils sont la folie de la croix dans l'humanité appauvrie de cette reine des puissances et des vertus. Ils jettent vers le ciel le parfum de la prière choisie ; ils purifient l'air par l'encens du sacrifice suprême. Dieu avance chez les nations à naître sur les traces de leurs pieds saignants. »

Au concile, Mgr Croc fut trop heureux d'affirmer sa foi et celle de ses chrétiens en l'infaillibilité du Pontife Suprême. « J'ai fait quatre mille lieues, écrit-il, pour venir apposer mon nom au bas du *postulatum* qui demande la proclamation du dogme de l'infaillibilité. Ce sera ma consolation à la vie et à la mort. En arrivant à la porte du Paradis, je dirai à saint Pierre : — Mon nom y est, ouvrez ! »

Au mois d'octobre, il reprenait le chemin de sa mission. La situation du Tong-King méridional était loin d'être florissante : la famine portait partout la désolation et la mort. « Nous sommes assiégés par la famine, écrivait-il au lendemain de son retour, la seconde récolte de l'année dernière était presque nulle ; celle du commencement de cette année est encore perdue ; le commerce est empêché par les pirates. Nos quatre-vingt mille chrétiens vont avoir à passer une rude année, et nous sommes dans l'impossibilité de venir à leur secours. Nous avons dû diminuer de moitié le nombre des élèves de notre petit collége. La tranquillité dont nous jouissons nous eût permis d'étendre le cercle de nos œuvres, et il faut le rétrécir de tous côtés. C'est poignant pour le cœur d'un missionnaire. Nous sommes cependant bien éloignés de nous plaindre. Nous savons que notre patrie souffre, et nous joignons nos souffrances aux siennes, espérant ou plutôt croyant très fermement qu'elle va se relever plus glorieuse que jamais et surtout plus zélée pour la propagation de la religion du Dieu qui l'aura sauvée. »

A cette époque, Mgr Croc commença à travailler pour la canonisation des martyrs : c'était encore un moyen de procurer la gloire de Dieu ; il le comprit. Aussi, profitant d'un moment de loisir, il se mit avec ardeur à faire les procès apostoliques exigés pour procéder à la béatification du vénérable Mgr Borie, des prêtres indigènes et des fidèles mis à mort en haine de la foi. Ce travail, qui demande de patientes recherches et une exactitude rigoureuse, ne le rebuta jamais. «J'ai du bonheur, disait-il, à tresser la glorieuse couronne du Tong-King méridional. »

Au commencement de 1873, il visita tout le Bô-Chinh ; il remonta d'abord la branche septentrionale du Sông-Gianh. La navigation de cette branche du fleuve est difficile ; du point d'embarquement à la paroisse la plus éloignée, on compte vingt-quatre rapides.

Montés sur leurs barques légères, les Annamites bravent avec une insouciante intrépidité les dangers de ces voyages. Trois rameurs, une longue perche à la main, lancent leurs nacelles au milieu des récifs, saisissent une branche d'arbre ou une forte touffe de hautes herbes pendant que le pilote, le pied sur le gouvernail, les mains appuyées sur une forte rame, dirige la marche en chantant sur un mode plaintif et monotone un banal refrain. Un coup de barre donné à faux, une branche sèche cassant sous les doigts suffit à faire chavirer la barque; les rameurs le savent; ils connaissent le nom de dix, de quinze de leurs parents ou de leurs amis à qui semblable chose est arrivée, ils y songent sans trouble et sans émotion: chez les anciens, l'habitude du danger a émoussé tout sentiment de crainte; au nouveau venu, on dit qu'il sera plus heureux ou plus habile.

Les douze cents chrétiens de ces sauvages régions accueillirent l'évêque avec les démonstrations de la joie la plus vive, les païens eux-mêmes lui firent partout la plus brillante réception.

A son retour, il délivra du joug d'un apostat la chrétienté de Con-Ngua, et, par ses exhortations réitérées, rendit à la paroisse de Vinh-Phuoc son antique ferveur. Ces travaux étaient à peine achevés qu'il repartait vers un autre point; remontant la branche méridionale du Sông-Gianh, il passait un mois à visiter plusieurs chrétientés « habitées par de pauvres gens venus de toutes parts, et qui, trouvant des bois à exploiter et des rizières à cultiver, avaient fini par établir leur résidence en ces parages. »

Puis, avec cette persévérance d'apôtre qui ne se lasse jamais, il faisait une nouvelle tentative pour ramener à la foi les apostats de Lu-Dang. Cette fois, l'heure de Dieu avait sonné, et les malheureux qui, six ans auparavant, avaient chassé le missionnaire de leur village, le reçurent avec empressement ; cependant Mgr Croc ne put obtenir que les terres volées à l'église pendant la persécution fussent restituées. De retour chez lui, il commença les travaux d'une église « que mes amis, disait-il, appellent pompeusement la cathédrale de Laranda. »

IV

Vers le milieu de juillet, il fut prié par les mandarins de s'occuper des démêlés de la France et de l'Annam. M. Senez venait de faire sur *le Bourayne* son expédition de Hâ-Nôi ; M. Dupuis affirmait son droit de remonter le fleuve Rouge jusqu'au Yun-Nan.

Le gouvernement annamite voulait se débarrasser de M. Dupuis et ne point avoir à subir la présence des navires français dans les eaux du Tong-King.

Une ambassade devait être envoyée à Saïgon ; le premier ambassadeur, Lê-Tuân, désira voir Mgr Croc. L'évêque se rendit au chef-lieu du Bô-Chinh, il eut un long entretien avec le haut mandarin et le quitta après l'avoir éclairé sur le véritable état des choses et emportant l'assurance des bonnes dispositions du gouvernement pour les chrétiens.

Quelques jours plus tard, il recevait une dépêche du conseil royal, le pressant de se rendre à la capitale dans le plus bref délai. Il se mit aussitôt en route et arriva à Hué le 2 août. On lui avait préparé un appartement à l'hôtel des ambassadeurs ; il refusa, préférant l'humble, mais cordiale hospitalité de Mgr Sohier. Il eut trois conférences avec les ministres; de multiples questions lui furent adressées sur l'état de l'Europe et de la France, sur les moyens à prendre pour reconquérir les six provinces de la basse Cochinchine, chasser M. Dupuis du Tong-King, etc., etc. « J'ai tâché, en vue du bien général, écrivait-il ensuite, de satisfaire nos mandarins, et surtout de les amener à subir un traité qui semble leur tant coûter. Je me suis efforcé de leur faire comprendre que le sacrifice qu'on exige d'eux sera amplement compensé par les avantages qu'ils peuvent tirer, s'ils sont sages, d'une alliance sincère avec le noble royaume de France. Je leur ai expliqué que les difficultés présentes provenaient surtout de leur système d'exclusion de tout étranger, de la persécution suscitée par Minh-Mang, fils de Gia-Long, qui fut replacé sur son trône, grâce au concours d'un grand évêque, dont le monument funèbre, près Saïgon, a été jusqu'à ce jour entouré du respect des païens comme des chrétiens. Bref, j'ai essayé, dans mes rapports avec les dignitaires du royaume d'Annam, d'être à la fois patriote et missionnaire, et je suis sûr d'avoir dissipé certains préjugés. »

On le pria instamment d'accompagner l'ambassade à Saïgon. « Mais, dit-il, ayant appris de la bouche même du premier ambassadeur, qu'il n'était pas encore question de faire de traité, parce que le roi n'avait pas voulu accorder de pleins pouvoirs à ses envoyés, j'ai cru que mon devoir m'appelait au milieu de nos chrétiens. J'ai donc demandé à retourner dans ma mission, après avoir fait comprendre aux ministres que lorsqu'il s'agirait sérieusement de faire un traité à Saïgon, les missionnaires seraient toujours disposés à prêter leur concours, pour aboutir à cette heureuse paix, si désirée de tous les amis des intérêts annamites. »

A peine Mgr Croc était-il de retour dans sa mission que les événements les plus graves venaient changer la face des choses. En quelques jours, on apprit au Tong-King méridional l'arrivée de M. Francis Garnier, la prise de Hâ-Nôi, de Nam-Dinh, de Ninh-Binh, etc., puis la mort de l'héroïque commandant des forces françaises, enfin le traité signé par M. Philastre, qui livrait sans défense les chrétiens et les amis des Français à la haine des mandarins et des lettrés.

L'agitation fut bientôt à son comble; les lettrés parcoururent le pays, soulevant le peuple contre les missionnaires. Mgr Croc s'attendait à mourir : « Ici, écrivait-il, nous sommes en très grand danger. Nous n'avons sans doute que quelques jours à vivre. »

Cependant sur les instances de l'amiral Dupré, gouverneur de la Cochinchine française, la cour de Hué prescrivit aux autorités de Ha-Tinh et de Nghê-An de protéger les chrétiens; les bandes de lettrés reçurent l'ordre de se disperser. Les lettrés refusèrent : ils ne pardonnaient point au roi Tu-Duc d'avoir traité avec les barbares d'Occident; ils levèrent l'étendard de la révolte et en quelques semaines ils s'emparèrent de plusieurs citadelles; seule la citadelle de Vinh-Dinh, capitale du Nghê-An, resta aux mandarins du roi, encore était-elle à la fin du mois de juin investie par une armée de plus

de vingt mille rebelles. En même temps, on apprenait
l'approche d'un membre de la famille royale, déjà célèbre
par sa haine du nom chrétien et son hostilité contre les
Français, le prince Thuyêt. A la tête de son armée, victorieuse des Pavillons-Jaunes, Thuyêt venait, disait-on,
se joindre aux rebelles, leur ouvrir les défilés des provinces du Delta et renverser Tu-Duc.

La situation était grave : les mandarins n'osèrent
plus se fier à leurs troupes, ils demandèrent le secours
des chrétiens.

Les mandarins avaient souvent été les plus cruels
ennemis du catholicisme ; mais, en ce moment, ils com-
battaient pour la cause du droit et de la justice ; les
chrétiens n'hésitèrent pas : aussitôt ils sortirent de leurs
retraites, ils enlevèrent le camp d'une bande de lettrés,
tuèrent leur chef et une trentaine de soldats, puis ils
marchèrent au secours de la capitale. Quelques jours plus
tard, Vinh-Dinh était débloqué ; les mandarins offrirent
à leurs libérateurs des armes et des munitions, et se
joignant à eux, ils reprirent sur les rebelles toutes les
autres places fortes de la province.

Lorsque le prince Thuyêt vit les lettrés vaincus, il se
tourna contre eux : c'était plus commode et plus sûr.

Bientôt les ennemis du roi furent anéantis, les mandarins sauvés, le pays pacifié, et tout cela en grande
partie grâce aux chrétiens. C'était l'heure sinon de les
récompenser, du moins de leur rendre justice ; leurs
biens étaient encore au pouvoir des païens, leurs maisons
étaient détruites, leurs champs restaient incultes ; et
cependant, malgré les services qu'ils avaient rendus à la

cause royale quand ils se présentèrent devant les tribu-
naux, les mandarins les chassèrent ou les firent jeter
en prison. Mgr Croc dut se rendre auprès de Tu-Duc,
afin de plaider leur cause et de faire la lumière sur les
événements.

« C'est le lieu, écrit M. Frichot, de rendre hommage
au dévouement sans bornes de M. Rheinart, résident de
France à Hué. Esprit droit et sincère ami de la justice,
il sut parler haut et faire valoir auprès des mandarins
la légitimité de nos réclamations. Grâce à cette énergique
intervention, Mgr Croc obtint qu'un commissaire royal
fût envoyé sur les lieux pour régler cette affaire. Ce
commissaire, la chose est assez rare pour le dire, homme
intègre et loyal, fit largement indemniser plusieurs de
nos chrétientés. Malheureusement la mort le surprit
avant que sa mission fût terminée. »

L'année suivante, le vénérable Mgr Gauthier rendait
sa belle âme à Dieu, et Mgr Croc devenait le seul chef
du Tong-King méridional.

V

La mission comptait alors onze prêtres européens,
cinquante-quatre prêtres indigènes, quatre-vingt-quinze
catéchistes, cent soixante religieuses, trente et une
paroisses et soixante-douze mille chrétiens.

Aux incendies et aux massacres, la famine, le choléra
et la fièvre typhoïde vinrent ajouter leurs ravages. Plus
de trois mille chrétiens et plus de soixante mille païens
furent emportés en quelques semaines. Dans ces cir-

constances, Mgr Croc montra toute la générosité de son
cœur ; il donna sans compter aux païens comme aux
chrétiens. La Providence lui rendit au centuple, car en
échange des aumônes si largement distribuées aux malheureux, elle lui donna des âmes à baptiser. « Plus de
quatre mille païens ont étudié la doctrine, écrivait-il,
trois nouveaux villages de chrétiens ont été formés.
Nous avons baptisé huit mille deux cent soixante-six
enfants. Je ne pense pas qu'il y ait de mission où l'on
puisse faire plus de bien si nous avions des ressources
suffisantes. Mais force est de nous arrêter, nous n'avons
plus rien. »

Alors, au milieu de tous ces désastres sans cesse
renaissants, l'évêque tourna ses regards vers la toute-
puissante Protectrice des affligés ; il promit, s'il recevait assez de secours pour aider ses chrétiens, d'élever
à Marie une statue, sous le nom de Notre-Dame du
Tong-King. Sa prière fut exaucée ; la France, que nos
pères nommaient avec tant de bonheur le royaume de
Marie, se chargea d'être la trésorière de la Reine du
ciel, elle envoya son or pour sauver d'une mort inévitable les affamés du Tong-King.

« Lorsque cette terrible épreuve fut passée, le prélat
conçut le projet d'édifier à Xa-Doai, sa résidence habituelle et le centre de toutes les œuvres, une église plus
magnifique encore que celle qu'il avait construite à
Huong-Phuong, quelques années auparavant. Grâce au
généreux concours des chrétiens, les premiers travaux
furent poussés activement. L'intérieur de l'église reste
encore à faire en grande partie, mais le corps de l'édifice est

9.

achevé. Le monument est dans un style sévère et sobre
d'ornements ; le portail est dominé par trois dômes qui
lui donnent un aspect imposant.

La mission saura encore gré à Mgr Croc de l'avoir
dotée d'un collége, sinon magnifique, du moins solide
et spacieux. Pour favoriser la santé des élèves, si nécessaire au succès de leurs études, il y a réuni, autant que
possible, le confortable et l'agréable. Les bâtiments
principaux sont terminés en grande partie. Les sinistres
événements de ces derniers jours ont empêché d'a-
chever les travaux.

« Il fit quelque chose de mieux que ces constructions
matérielles : sous son administration, il resserra la discipline dans le collége et dans le grand séminaire, grâce
à d'heureuses modifications, et rehaussa le niveau des
études latines et théologiques. »

Enfin, il tenta la réalisation d'une œuvre à laquelle
il songeait depuis longtemps : l'évangélisation du Laos.

Après avoir pris sur cette partie de son vicariat tous
les renseignements désirables, il envoya trois prêtres
avec un certain nombre de catéchistes. Au bout de
quelque temps, le succès couronna le zèle des missionnaires, et déjà de nombreux néophytes venaient écouter
les instructions, lorsque, pendant l'année 1882, les brigands dévastèrent toute la contrée. Mgr Croc eut la
douleur de voir disparaître, en peu de jours, les premiers germes de la chrétienté laotienne. Cependant, ni
son courage ni celui de ses missionnaires ne fut abattu
par ce coup imprévu, et une nouvelle expédition allait
être organisée lorsqu'éclata la guerre du Tong-King.

L'évêque dut porter son attention sur d'autres points. Les appréhensions les plus vives agitèrent son cœur pendant toute la durée des hostilités.

« Le Tong-King méridional va passer encore une fois par le creuset des souffrances, lisons-nous dans une de ses dernières lettres; les événements de Hué, la prise de Son-Tây, et la défaite des Pavillons-Noirs font craindre à nos lettrés l'arrivée prochaine des Français. Ils ont juré de ne laisser que des ruines, et ne voulant pas que les chrétiens puissent se réjouir de leur victoire, ils sont résolus à nous exterminer.

« Quelle horrible situation ! Les païens s'arment, s'assemblent, hurlent, menacent. Notre petit troupeau prie, offre sa vie à Dieu. Que faire?... A la grâce de Dieu!... Je vous écrirai après le dénouement qui ne peut tarder, si Dieu me laisse vivre. Si je suis pris, ma mort ne sera pas douce. Je l'accepte d'avance comme il plaira à Dieu de me l'envoyer. »

Cependant les craintes du vénérable évêque ne se réalisèrent pas complètement. Dieu sembla avoir pitié de la mission du Tong-King méridional. Ce ne fut, hélas! pas pour longtemps, une autre épreuve la frappa.

Affaibli par trente années d'une vie de privations continuelles, Mgr Croc ne se soutenait que par l'énergie de son caractère; un jour, pourtant, il dut céder à la souffrance, ses missionnaires l'engagèrent à aller se reposer à Hong-Kong, il refusa; ils le lui demandèrent comme une grâce, il fallut bien consentir, et Mgr Croc quitta, pour ne plus la revoir, sa bien-aimée mission;

il se rendit au Sanatorium ; Dieu voulait lui donner quelques jours pour se préparer à l'éternité.

Au mois de novembre 1885, on recevait au Séminaire des Missions-Étrangères la lettre suivante, écrite par le P. Patriat :

« Il y a quelques jours seulement, le 2 de ce mois, fête des Saints-Anges, arrivait à Hong-Kong Mgr Croc, Vicaire Apostolique du Tong-King méridional. Son état de santé nous fit peine, et de prime abord je conçus les craintes qui viennent de se réaliser : hier, à quatre heures quarante minutes de l'après-midi, l'âme de sa chère et vénérée Grandeur a quitté sa dépouille mortelle pour entrer dans son éternité. Si le divin Maître éprouve parfois rudement ses élus, il leur réserve pour leurs derniers moments des grâces bien signalées. Tous les jours, l'état de monseigneur s'aggravait, mais nous ne pensions pas que la fin arriverait si vite. Samedi soir, sans doute guidé par son bon ange, et profitant d'un moment lucide, car notre vénéré malade délirait souvent, je lui demandai s'il ne serait pas bien content, pour mieux fêter la maternité de sa patronne, de se confesser et de recevoir la sainte communion aussitôt après minuit : — Oui, merci, avec le plus grand plaisir, répondit-il. Il se confessa aussitôt avec toute sa présence d'esprit et la plénitude de sa raison, et je puis vous dire en toute sincérité que je voudrais pouvoir me confesser comme cela à l'article de la mort. — Quant à la communion, ajouta-t-il, non, ce n'est pas une simple communion que je veux faire ; c'est le saint viatique qu'il me faut. Et comme je lui disais que je ne croyais pas qu'il en fût encore là, il me répondit : — Ceci, c'est mon affaire, je vous le demande comme une faveur, ne me refusez pas, je vous en prie. — Rassurez-vous, monseigneur, je le ferai du plus grand cœur. Il m'en remercia avec une effusion de charité difficile à exprimer et que je n'oublierai jamais. Après quelques instants de repos, je lui donnai le saint viatique, qu'il reçut dans un profond recueillement et avec calme, malgré les souffrances que lui causait sa maladie. Il était grand temps; à partir de ce moment, le bien cher et vénéré malade n'a eu que du délire jusqu'à sa mort; mais dans son délire il bénissait le Seigneur : *Te Deum! Deo gratias! Amen!* et d'autres mots de la sainte liturgie, exprimant la joie et l'action de grâces, comme si sa belle âme, impatiente de voir Dieu dans sa gloire, eût voulu le louer avant de quitter son enveloppe terrestre, trouvant la mort trop lente pour venir lui ouvrir les portes de l'éternité. »

Certes, si jamais homme eut une vie bien remplie, c'est assurément Mgr Croc; il connut tous les labeurs des Missionnaires, ressentit toutes leurs angoisses, se mêla à tous leurs triomphes; il prit part aux événements qui bouleversèrent ou établirent des empires et à ceux qui ramenèrent le calme et la prospérité dans la chaumière du sauvage; cependant, pour quiconque connaît les Missions, cette vie ne porte pas le cachet d'une extraordinaire grandeur. Dans son activité et par ses résultats, elle ressemble à la vie de la plupart ou même de tous les évêques missionnaires. Être évêque

dans les Missions n'est pas, en effet, une charge aussi
facile que parfois on se l'imagine : que les Vicaires
Apostoliques, habitent au milieu des cités popu-
leuses de l'Inde et de la Chine, ou dans les régions
glaciales de la Mandchourie, leur existence tout entière
se passe dans la pratique des œuvres les plus diverses
et les plus ardues; œuvre d'apôtre pour prêcher et
convertir ; œuvre de théologien pour enseigner et conduire leurs prêtres européens et indigènes; œuvre d'or-
ganisateur pour donner aux Missions qu'ils fondent ou
qu'ils développent la force et la stabilité; œuvre de diplomate pour se faire tolérer par des gouvernements
païens et servir les intérêts généraux de la civilisation;
toujours et partout œuvre de véritables enfants de
l'Église et de vaillants disciples de Jésus-Christ.

Telles furent les œuvres pour lesquelles se dépensa
Mgr Yves Marie Croc pendant sa carrière apostolique,
véritable carrière d'évêque missionnaire parcourue
dans le travail et l'humilité, achevée dans la souffrance,
couronnée dans l'éternelle paix.

LE P. MATHEVON

PROVICAIRE APOSTOLIQUE DU TONG-KING OCCIDENTAL

(1830-1885)

I

Le P. Mathevon appartenait à ce riche diocèse de Lyon, qui a toujours du sang et de l'or à mettre au service de ses croyances; il naquit en 1830 et entra au Séminaire des Missions-Étrangères à l'âge de vingt-deux ans. Une année plus tard, il partait pour le Tong-King.

Pénétrer au Tong-King était alors extrêmement périlleux : le jour du débarquement pouvait être celui de l'arrestation. Pour le missionnaire, être arrêté, jeté en prison, chargé de chaînes, mis à mort, c'était un bonheur ardemment désiré; mais, pour les chrétiens, l'arrestation d'un missionnaire était le signal d'un redoublement de pillages, d'exils, de confiscations, d'emprisonnements; pour la mission, c'était la ruine. Il fallait donc veiller avec l'attention la plus scrupuleuse, afin d'échapper à la haine toujours en éveil des satellites de Tu-Duc.

Le P. Mathevon trouva heureusement les chrétiens envoyés pour l'attendre, et, revêtu de la tunique annamite, coiffé d'un grand turban que recouvre un large chapeau, les pieds nus, le bambou à la main, il s'achemina en silence et par des sentiers détournés vers la résidence de son Vicaire Apostolique, Mgr Retord, « cet ardent Lyonnais, selon l'expression de Mgr Havard, dont le sang bouillonne et dont les reins frémissent à la vue des idoles; apôtre que rien ne décourage, que rien n'effraye, que rien n'étonne, que l'ennui même n'effleure pas dans les fosses souterraines où il s'ensevelit vivant. » C'était une joie et un honneur de travailler sous un tel maître.

« Le P. Mathevon, dit Mgr Puginier, alla d'abord exercer le ministère apostolique dans la paroisse de Ké-Bang, qui comprenait alors six mille chrétiens et relevait du district de Nam-Dinh, précédemment dirigé par deux missionnaires lyonnais, le P. Charrier, confesseur de la foi, et le Vénérable Bonnard, martyrisé le 1er mai 1852. Je puis dire en passant, qu'au Tong-King occidental, les Lyonnais ont vraiment de la chance. Outre les deux dont je viens de parler et le P. Mathevon, qui lui aussi a confessé la foi, quatre autres missionnaires du même diocèse : les PP. Gaspard Béchet, Étienne Rival, Eugène Manissol, André Tamet ont eu la tête tranchée dans ces derniers temps où les ministres du Seigneur et les chrétiens ont été poursuivis par le double motif de religion et d'amour de la France. »

Tu-Duc, qui au début de son règne avait semblé vouloir se montrer plus tolérant à l'égard des chrétiens, n'avait pas tardé à marcher sur les traces de Minh-Mang et de Thieu-Tri. Des ordres impitoyables avaient été adressés à tous les gouverneurs de provinces, la tête des missionnaires était mise à prix, la peine de mort prononcée contre tout chrétien qui refuserait d'apostasier, des croix placées dans tous les carrefours pour être foulées aux pieds par les passants, des milliers de fidèles emprisonnés, torturés, exilés ou mis à mort. Malgré cette terrible persécution, l'Église du Tong-King occidental progressait sous l'influence de la prodigieuse activité, du zèle industrieux, de la prudence consommée et parfois de l'heureuse audace de son évêque.

Des retraites, des fêtes religieuses avec toutes leurs splendeurs étaient organisées dans les paroisses; elles duraient un, deux ou trois jours, quelquefois une nuit; puis, chrétiens, missionnaires, chapelles, tout disparaissait comme par enchantement; mais les faibles étaient fortifiés, les bons rendus meilleurs, et les égarés ramenés au bercail. Moins cruels que leur maître, les mandarins fermaient les yeux ou se faisaient acheter; d'autres fois cependant une compagnie de soldats était signalée, alors il fallait fuir en toute hâte. C'est dans ces travaux, ces souffrances, ces joies et ces périls que le P. Mathevon passa les premières années de sa vie de missionnaire.

En 1857, la situation devint plus mauvaise encore; l'insuccès de l'ambassade française fut le point de départ d'une persécution à outrance : il fallut céder à l'orage. Le P. Mathevon rejoignit Mgr Retord et le P. Charbonnier, réfugiés au village de But-Son; ils n'y restèrent que peu de jours : cinq cents hommes étaient à leur poursuite; ils s'enfoncèrent plus avant dans les montagnes; du 17 juin au 19 juillet, ils couchèrent dans les cavernes ou à la belle étoile. Le P. Mathevon fut pris de la fièvre; heureusement les sauvages chrétiens arrivèrent bientôt, ils conduisirent les fugitifs au milieu des forêts de Dông-Bân.

Le P. Charbonnier malade, dut, sur l'ordre de son Vicaire Apostolique, s'éloigner de ces lieux malsains; le P. Mathevon, un prêtre indigène et quelques catéchistes restèrent seuls avec Mgr Retord. Ils s'installèrent dans des cabanes en feuilles « dressées sur un petit monticule, au milieu d'un épais massif d'arbres, de broussailles et de grandes herbes, tout entouré de marais infects. »

De temps à autre, au péril de leur vie, les chrétiens leur apportaient quelque nourriture. C'est là que, le 22 octobre 1858, les fugitifs eurent la douleur de voir mourir Mgr Retord, miné par la fièvre, par les privations et par les souffrances de tout genre. « Oh ! comme je pleurais, s'écrie le P. Mathevon, dans la relation qu'il a faite de cet événement : quelles tristes journées j'ai passées là ! Notre mission perdait Mgr Retord dans un moment où elle avait plus que jamais besoin de lui ! » Après avoir rendu à son évêque les derniers devoirs de la sépulture, le P. Mathevon quitta, le cœur profondément attristé cet endroit où il laissait un tombeau, et alla rejoindre le P. Charbonnier.

II

La recrudescence de la persécution ne permit pas aux deux missionnaires de rester longtemps dans le même lieu. Après avoir plusieurs fois changé de refuge, ils résolurent, sur le conseil de Mgr Theurel, d'aller par mer chercher un abri sur les bateaux français, stationnés à Tourane. Ils y arrivèrent le 31 mars 1860, vers neuf heures du soir. Un profond silence régnait dans toute la rade ; de vaisseaux, nulle part, mais, sur le rivage, un appontement construit par les Français, une barrique vide et une petite cabane où l'on avait allumé du feu. Le P. Mathevon s'avance vers la cabane et se met à crier en français : — Y a-t-il quelqu'un par ici ? Puis il regarde à travers les fentes du treillis ; un homme était couché sur une natte, au-dessus de sa tête étaient suspendus un sabre et un chapeau de soldat annamite. — Prenez garde, fit le P. Charbonnier, nous sommes en pays ennemi ! Pour s'en assurer, le catéchiste entre, et éveillant le soldat, il lui dit avec un accent de vérité tout à fait annamite : — Je suis un marchand de sel ; je viens ici pour mon commerce, mais je ne trouve plus personne ; où sont donc allés les Français ? — Les Français, répondit le soldat, ils sont tous partis depuis le deuxième jour de la lune ! On était au huitième ; ce fut un vrai sauve-qui-peut.

Le corps expéditionnaire venait en effet de se porter sur Saïgon.

Cette même nuit, les fugitifs repartirent pour le Tong-

King. Le vent était contraire, les matelots fatigués et découragés. — Sais-tu pour combien de temps nous avons encore du riz? demanda le missionnaire au catéchiste. — Père, répondit celui-ci, en épargnant bien, nous en aurons peut-être pour trois ou quatre jours. Ils avaient mis neuf jours pour venir, l'équipage et les passagers durent être rationnés; au bout de douze jours, ils arrivèrent à Cua-Bang, chef-lieu de la paroisse la plus méridionale de la mission. Ils se réfugièrent dans une caverne, mais il ne tardèrent pas à être aperçus par les païens du voisinage, et le 29 août, jour de la décollation de saint Jean-Baptiste, le patron du P. Mathevon, ils furent arrêtés. — C'est de bon augure, se dirent les deux missionnaires. Cependant ils allaient être relâchés moyennant six barres d'argent, lorsqu'une nouvelle troupe arriva. Ils furent conduits, la cangue au cou, au chef-lieu de la province de Thanh-Hoa; partout, sur leur route, des attroupements considérables de païens se pressaient pour voir les Européens, « blancs comme des coquilles d'œuf. »

III

Nous empruntons à Mgr Puginier l'émouvant récit de la captivité et des souffrances du missionnaire.

« Les prisonniers rencontrèrent dans leurs cachots plusieurs prêtres indigènes, des catéchistes et de nombreux chrétiens détenus pour la foi. Dans cette paroisse, par suite de la méchanceté du mandarin des sentences, les chrétiens avaient à souffrir d'une manière toute particulière. Ils étaient entassés par centaines dans des greniers à riz et on ne leur distribuait pas de quoi manger ; le peu qu'on leur apportait du dehors, en prolongeant leur vie, ne faisait qu'augmenter leurs souffrances. Lorsqu'un prisonnier venait à mourir, on laissait là son cadavre pendant cinq à six jours. Lorsque la paix fut signée et que l'on mit les chrétiens en liberté, on s'aperçut qu'ils avaient rongé les colonnes en bois de fer, et il fallut refaire à neuf les greniers à riz qui leur avaient servi de prison.

« Nos deux missionnaires eurent à subir les interrogatoires d'usage, et, comme de coutume, on leur proposa d'apostasier. Ces interrogatoires se faisaient avec un grand apparat d'instruments de supplice, sabres, lances, chaînes, rotins garnis de pointes de fer, bâtonnets pour écraser les doigts, tenailles froides et tenailles rougies. Le patient était à la merci du mandarin qui interrogeait et choisissait, selon son caprice, les instruments de torture. On appliqua à M. Mathevon le supplice des tenailles, qui consiste à enlever au gras des cuisses le morceau de chair qu'a saisi l'instrument. On tourne lentement les tenailles et, de temps à autre, sans lâcher prise, on fait une question au patient. Lorsqu'après ce long supplice le morceau a été enlevé, on recommence selon la volonté des mandarins. J'ai rencontré un catéchiste auquel, dans une séance, on avait enlevé de la sorte sept gros morceaux de chair, dont quatre aux tenailles rougies et trois aux tenailles froides. Ces dernières sont beaucoup plus pénibles, parce que n'ayant point l'action du feu pour ronger les chair, les muscles se trouvent retirés lentement et ce n'est qu'à force de tourner et de déchirer que le morceau est enlevé. Pendant ce temps, les mandarins boivent le thé et font sur la religion des plaisanteries impies ou obscènes.

« On fit aussi subir à notre confesseur de la foi un autre genre de supplice : on lui inséra entre les doigts plusieurs petits bâtonnets, on pressa lentement, mais régulièrement les deux mains, de façon à écraser les chairs et à broyer les os. Le patient, qui avait une complexion nerveuse et délicate, se sentit, par la force de la douleur, pris subitement d'une sueur froide et tomba évanoui. On le rapporta dans sa cage, car lui et le provicaire, M. Charbonnier, n'étaient pas incarcérés comme les autres prisonniers : on leur avait préparé une cage faite avec des barreaux de bois et de bambous ; la porte était fermée par une clef que le capitaine préposé à la garde des prisonniers gardait soigneusement. Cette cage à claire-voie avait un mètre de hauteur, un mètre vingt de largeur et autant de longueur, de sorte que nos deux missionnaires ne pouvaient se tenir ni debout, ni entièrement couchés ; ils devaient être continuellement accroupis ou étendus de façon à replier leurs genoux sur eux-mêmes. Ces cages leur ont servi d'habitation pendant plus de dix mois, sans qu'ils aient jamais obtenu la permission de sortir, sinon pour aller à l'interrogatoire. Elles étaient placées devant le prétoire du gouverneur de la province, face à face et à une distance d'environ quarante mètres l'une de l'autre. Les deux confrères se voyaient et pouvaient se confesser mutuel-

lement à très haute voix, sans crainte d'être compris
des passants. Lorsqu'on leur demandait ce qu'ils
disaient, ils répondaient : — Nous parlons français.

« M. Mathevon eut particulièrement à souffrir de
cette vie de cage, à cause d'une forte dyssenterie occa-
sionnée par les mauvais traitements, la mauvaise nourriture et autres souffrances.

« Cependant les deux missionnaires étaient impa-
tients de voir arriver le beau jour, le jour si attendu,
le jour du martyre. Tous les interrogatoires ordinaires
avaient été faits, la sentence était terminée, elle avait
été expédiée à Hué, capitale du royaume, pour être
ratifiée. Ce n'était plus qu'une question de jours : nos
confesseurs étaient condamnés à avoir la tête tranchée;
ils le savaient, ils étaient sûrs d'être martyrs. Cette
pensée les soutenait, les fortifiait et leur donnait un
avant-goût des joies célestes : ils comptaient les jours
et les recomptaient; de temps à autre, ils voyaient
passer des prêtres indigènes arrêtés avant eux et tirés
de la prison pour être conduits au supplice. Cette vue
les enflammait et excitait l'ardeur de leurs désirs.
Quand arrivait un courrier de la capitale, nos deux
missionnaires s'informaient auprès de leurs gardiens
s'ils n'apportait pas la ratification de leur sentence
de mort. N'est-il pas permis à celui qui a confessé son
Dieu, dont la sentence est portée, ne lui est-il pas
permis, dis-je, de désirer l'arrivée de ce jour où un
coup de sabre brisera le dernier lien qui le retient à
cette vie mortelle, et lui permettra de s'envoler vers ce
Seigneur qu'il a servi et qu'il a aimé?

« Un soir, ils aperçoivent un mouvement extraordinaire; ils entendent des conversations plus animées
que de coutume et le mot « Européens » frappe
leurs oreilles; ils sont au comble du bonheur : — C'est
fini, se disent-ils mutuellement, la ratification de notre
sentence est arrivée ; demain nous serons exécutés.
Ils se préparent à la mort par une nouvelle confession;
ils passent une bonne partie de la nuit en oraison,
pour renouveler à Dieu le sacrifice de leur vie, lui
demander le courage, la force pour le dernier combat;
ils prient pour la mission, pour la France, pour les
parents et les amis.

« Le matin, ils étaient éveillés de très bonne heure;
ils aperçoivent déjà des soldats et certains préparatifs.
— L'heure suprême est arrivée, se disent-ils mutuellement, et pleins de courage ils font eux-mêmes leurs
derniers préparatifs pour paraître devant Dieu. Les
mandarins arrivent près d'eux avec leurs soldats; ils
font ouvrir les cages et ordonnent aux missionnaires
de les suivre. Les deux confesseurs s'embrassent, leur
cœur palpite; ils se recueillent et prient.

« Mais, hélas! ils ne sont pas conduits à la mort.
Après les vives sollicitudes et les angoisses qui ont précédé l'arrestation, après les épreuves de la détention et
les tourments de la confession de foi, après la sentence
de condamnation à mort, nos confesseurs ne devaient
pas voir arriver le beau jour du martyre. Les mandarins leur annoncent que la paix est signée entre la
France et l'Annam, qu'ils vont être embarqués sur un
bateau du roi et conduits à la capitale, d'où ils seront

rendus aux Français à Saïgon. O pénible déception !
Nos deux confrères se regardent et restent muets
d'étonnement et de tristesse. Mais ce sont de vrais
apôtres pour lesquels la volonté de Dieu est tout ; et
après un moment de pénible illusion, de regrets bien
naturels, ils disent avec un accent de tristesse, mais du
fond du cœur : « *Fiat voluntas tua !* »

IV

En annonçant sa délivrance à ses amis de France,
le P. Mathevon écrivait ces paroles où, sous la gaieté de
la forme, on sent percer un amer regret : « J'ai cru pendant quelque temps qu'il ne me serait plus donné de
vous entretenir ici-bas ; mais le bon Dieu me laissant
encore vivre, je continuerai, pour ma consolation, de
correspondre avec vous. Pour le moment, je n'ai pas
lieu d'être satisfait. J'étais venu dans ce lointain pays
pour y chercher fortune, la fortune du martyre, et
voilà que je viens de manquer la plus belle occasion ;
j'aspirais à un avenir brillant et à des richesses immenses ; je croyais les tenir, et voilà qu'ils m'échappent,
et il faut me remettre à l'œuvre sans avoir peut-être les
mêmes chances de succès. »

Les PP. Charbonnier et Mathevon furent ensuite conduits à Hué ; arrivé en pleine mer, le mandarin, à la
garde duquel ils étaient confiés, eut l'humanité de leur
permettre de sortir de leur cage ; mais en approchant de
la capitale, il les y fit rentrer. Ils restèrent un mois à
Hué ; on leur ôta la cangue et la chaîne ; le roi leur fit

présent de quatre habits blancs, d'un cinquième de couleur noire et de deux autres en drap bleu et en velours rouge : l'uniforme de colonel. Lorsqu'arrivèrent les PP. Croc, Roy et Desvaux, qui venaient demander à rentrer dans leur mission en vertu du traité, le roi profita de leur barque pour envoyer à Saïgon les deux captifs ; il les fit accompagner de deux mandarins dont la plus grande crainte était que les missionnaires ne prissent la fuite. — Prenez garde, leur disaient-ils, il y va de notre tête... Bientôt, le P. Charbonnier fut nommé Vicaire Apostolique de la Cochinchine orientale, et le P. Mathevon, dont la santé avait été fortement ébranlée, fut condamné au repos.

A la fin de 1865, il revint au Tong-King ; Mgr Jeantet le choisit aussitôt pour provicaire et lui confia la direction du grand séminaire de théologie. Une vie calme, mais laborieuse, succéda aux agitations d'autrefois. Outre sa charge de supérieur du séminaire, le P. Mathevon était professeur de morale, de liturgie, de chant ; il devait aussi veiller au bon ordre de la paroisse de Ké-So, administrée par des prêtres indigènes. A la mort de Mgr Jeantet, le 25 juillet 1869, le P. Mathevon eut la direction de la mission jusqu'au retour de France de Mgr Theurel.

« Il professa la théologie jusqu'à la fin de 1873. Des infirmités et des souffrances que lui avait occasionnées sa longue réclusion, le forcèrent alors d'aller chercher, à Hong-Kong et à Saïgon, des soins qu'il n'avait pu trouver au Tong-King. Rentré dans la mission, il dut en sortir de nouveau, en 1876, pour aller en France essayer de se guérir. Mais son mal ayant été déclaré incurable, il revint au Tong-King. Il voulait avoir la consolation de mourir là où il avait travaillé et souffert. »

Depuis 1878, le P. Mathevon, dans l'impossibilité de remplir les fonctions du saint ministère, s'était retiré au petit village de Lan-Mat (lys frais), à quelques centaines de mètres de la communauté. En 1882, la paralysie des pieds et des mains ne lui permit plus de célébrer la messe et sa vue s'affaiblit au point de l'empêcher de dire son bréviaire. La récitation du chapelet fut alors sa grande consolation avec la pensée de la mort ; mais plus son état s'aggravait, plus il devenait doux envers la souffrance : lui, autrefois si impressionnable, restait complètement maître de soi ; la joie de mourir inondait son cœur ; souvent il rappelait le nom de ceux qu'il avait vus partir : Mgr Retord, le grand évêque ; les PP. Vénard, Néron, les vaillants martyrs; Mgr Charbonnier, le compagnon de ses luttes au prétoire, et tant d'autres qui l'attendaient au ciel. — Quelle fête nous allons faire là-haut ! disait-il.

Quand il vit les progrès de la maladie s'accentuer, il pria un de ses confrères d'entendre sa confession générale... — Tout est prêt, s'écria-t-il ensuite, je puis mourir, oh ! il y a si longtemps que je le désire ! Le 30 avril, à une heure du matin, en l'octave du patronage de saint Joseph, Dieu exauça ses désirs, et le dernier des confesseurs de la foi de la grande persécution de 1858 s'endormit pieusement dans la paix du Seigneur, en la cinquante-cinquième année de son âge et la trente et unième de son apostolat.

LE P. LAIGRE-FILLIATRAIS

SUPÉRIEUR DU COLLÉGE GÉNÉRAL DE PINANG

(1822-1885)

Tous les missionnaires ne sont pas envoyés au milieu des tribus sauvages ou des cités païennes prêcher la bonne nouvelle et la foi en Dieu, tous n'ont pas à soutenir les luttes du prétoire ou à supporter les souffrances de la prison, tous n'obtiennent pas la glorieuse palme du martyre ; il en est dont la vie reste toujours calme, il en est qui passent vingt ou trente ans dans un village ignoré de l'Extrême-Orient, faisant une œuvre qu'à peu près personne ne connaît et dont tout le monde profite. Ce fut cette tâche qui incomba au missionnaire dont nous allons retracer l'existence. Il quitta la France à vingt-cinq ans, rêvant les cachots et le martyre, et il vécut pendant trente-huit ans de la vie tranquille du professeur.

Mais, pour avoir été paisible, son existence fut-elle moins utile, et pour avoir été en apparence plus restreinte, son action fut-elle en réalité moins étendue? Il

10.

forma des prêtres, il les instruisit dans la science et
dans la piété, il leur enseigna le prix des âmes et les
moyens de les conquérir ; lorsqu'une génération sacerdotale fut sortie de ses mains toute prête à faire
l'œuvre de Dieu, il recommença pour une autre son
obscur, mais incessant et fécond labeur.

I

Joseph-Michel-Mathurin Laigre-Filliatrais apparte-
nai à une excellente famille de Saint-Denis de Gas-
tines, dans le diocèse actuel de Laval. Il trouva dans
les exemples et les belles traditions du foyer domestique
les germes de cette piété et de ces vertus qui, dans le
cours de sa longue carrière, devaient jeter un si brillant
éclat.

De bonne heure, il se sentit porté à l'état ecclésiastique ; et même, à la mort de son père, ses larmes
triomphèrent de certains calculs humains par lesquels
on se proposait de le retenir dans le monde. Il acheva
ses études à Précigné (diocèse du Mans) ; et, peu après,
le diplôme de bachelier ès-lettres venait récompenser
ses laborieux efforts.

Mais en même temps que sa jeunesse se développait
sous les premières touches de la grâce divine, arrivaient
de l'Église d'Annam les désolantes nouvelles de la persécution suscitée par le Néron annamite, Minh-Mang,
et aussi les beaux récits du martyre de toute une
légion d'apôtres et de fidèles.

Cachant sous des apparences tranquilles un caractère

énergique et la passion du dévouement, le jeune
homme s'éprit à la lecture des *Annales*; il y trouva,
comme nombre d'autres, l'origine de sa vocation à
l'apostolat.

Peu à peu, le précieux germe se développa dans un
terrain si propice; et le séjour du grand séminaire, où
Joseph se distinguait par sa science théologique, ne fit
que donner à la semence un plus rapide accroissement.
Lorsqu'arriva le jour des grandes résolutions, le jeune
élu de Dieu, muni de l'assentiment de son évêque,
n'écouta « ni la chair ni le sang », et après de touchants adieux à ses confrères du séminaire, il partit
pour Paris. Fidèle à une tradition chère aux missionnaires manceaux, il ne se rendit aux Missions-Étrangères qu'après un double pèlerinage aux pieds de la
Très Sainte Vierge, à Chartres et à Notre-Dame des
Victoires. Il avait été ordonné diacre quelques mois
auparavant, et était alors âgé de vingt-quatre ans.

Quand il se présenta à la porte des Missions-Étrangères, en décembre 1846, son extérieur frappa le supérieur, M. Langlois, qui, voyant ce petit aspirant au
visage candide, lui demanda comment il s'appelait : —
Je m'appelle Joseph Laigre. — Hum! fit le Supérieur
en souriant, vous n'avez pas l'air si aigre que cela.

Au Séminaire de la rue du Bac, la place des Gagelin,
des Jaccard, des Borie, des Cornay, des Marchand
était alors occupée par les Schœffler, les Bonnard, les
Néron, autant d'apôtres dont les mains devaient cueillir
la palme sanglante sur la terre d'Annam.

Un souvenir de ces jours d'autrefois avait un charme

particulier pour le P. Laigre, et volontiers il le rappelait : après son ordination au sacerdoce, on lui avait
donné pour servant de messe celui qui, plus tard, devait
être le Vénérable Néron.

Ce dont il parlait moins facilement, par humilité
sans doute, et peut-être aussi parce qu'au fond de son
cœur il sentait un regret toujours vivace, c'était de ses
rêves de martyre. Ses notes nous ont livré ce secret de
son âme : « Mon Dieu, écrivait-il, pardonnez à ma
fragilité ! Vous savez combien il y a d'années que je
sollicite de votre bonté la grâce d'aller en Cochinchine.»

Un moment, il put espérer que ses vœux seraient
comblés, une double alternative était marquée dans sa
destination : ou la Cochinchine ou le collége de Pinang ;
le dernier mot à ce sujet lui devait être donné à son
arrivée à Singapore.

Mais en même temps que ses désirs trouvaient là
comme un nouvel aliment, il ne voulait cependant pas
perdre une si belle occasion de pratiquer la sainte
indifférence.

« Il faut avouer que je suis bien faible, écrivait-il,
l'incertitude où je suis si je resterai au collége de
Pinang ou bien si j'irai en Cochinchine, m'a causé
plusieurs fois des inquiétudes... O heureuse incertitude !
ne dois-je pas m'écrier, combien vous me procurez
d'occasions de pratiquer ou plutôt de m'exercer à la
sainte vertu d'indifférence. Et pourquoi faut-il qu'elle
soit si difficile ? Faire la volonté de Dieu, tel doit être
mon unique désir, et je puis la faire aussi bien à Pinang
qu'en Cochinchine. »

Ordonné prêtre par Mgr Affre, au mois de juin 1847, le P. Laigre s'embarqua en juillet, à Anvers, avec trois autres missionnaires. Le voyage fut pour tous les quatre un temps de travail et de mérites : à bord, comme s'ils eussent été dans leur chère communauté de la rue du Bac, tout fut réglé et parfaitement ordonné. Le cahier de notes du P. Laigre nous a conservé le petit règlement qu'une fois aguerris avec la mer, ils s'imposèrent d'un commun accord.

« Voyant, dit-il, que nous commencions à nous habituer à la mer, nous convînmes de reprendre à peu près les exercices du Séminaire. Le lever à 5 heures ; la sainte messe à 6 heures 3/4 ; l'office à 8 heures 1/2. Après déjeuner, quelque temps consacré à la théologie morale. A une heure, vêpres et complies suivies de la lecture d'un chapitre du Nouveau Testament, de l'examen particulier, d'un chapitre de *l'Imitation*, et enfin d'une conférence sur la théologie morale. Le dimanche et le jeudi, étude des rubriques du bréviaire et du missel et des principaux devoirs du prêtre ; à 5 heures, matines et laudes, suivies de la lecture spirituelle : après la collation, petite discussion sur quelques difficultés de l'Écriture sainte. A 9 heures, le chapelet et la prière. Deux fois la semaine, au lieu de la lecture spirituelle, conférence spirituelle par l'un de nous. »

II

A cette époque, le génie d'un Français n'avait pas encore ouvert le canal de Suez. Ce n'était pas ving cinq à trente jours de navigation qu'il fallait pour atteindre Singapore, mais cinq ou six mois et même quelquefois davantage.

Après leur départ, la première terre que les voyageurs aperçurent fut Madère avec ses côtes bordées de hautes falaises, ses collines couvertes de vignes, de palmiers, de cotonniers, de bananiers et d'orangers ; ensuite les îles Canaries au milieu desquelles s'élève, haut de trois mille huit cents mètres, le pic de Ténériffe. Au bout de six semaines, ils entraient dans l'hémisphère austral. On les dispensa de subir la cérémonie du baptême de la Ligne, et bientôt ils voguèrent à pleines voiles dans le golfe du Brésil, apercevant à l'horizon les cimes de la Serra-do-Mar.

Ce long voyage ne fut pas pour les missionnaires un temps d'ennui ou d'inutile repos, mais au contraire un temps de travail et de mérite.

Leurs pieux exemples à bord eurent un consolant résultat, et ce fut pour eux un jour d'inexprimable joie,que celui où ils reçurent l'abjuration d'un matelot qu'ils avaient converti et lui firent faire sa première communion. « Ne semble-t-il pas que le bon Dieu ait voulu par là dédommager ses serviteurs des injures qu'ils avaient essuyées pour son amour, alors qu'au moment de leur embarquement, dans les rues de Flessingues, de jeunes enfants protestants leur avaient lancé des pierres ? »

Pendant que les missionnaires commençaient ainsi leur apostolat, le navire les portait vers le pays où Dieu et leurs supérieurs les envoyaient.

Ils doublaient le cap de Bonne-Espérance, et après avoir traversé le canal de Mozambique et l'océan Indien, ils entraient dans le détroit de la Sonde ; bientôt Singapore avec sa luxuriante végétation tropicale, apparaissait à leurs regards ravis.

Le P. Laigre était arrivé au terme de son voyage, il reçut sa destination pour le collége général de Pinang.

L'île de Pinang appartient aux Anglais. Elle est située dans le détroit de Malacca et séparée du continent par un bras de mer d'une lieue environ. Elle a six lieues de long sur trois ou quatre de large. La ville principale, qui porte le même nom que l'île, compte environ vingt à vingt-cinq mille habitants, sur lesquels il y a douze cents catholiques. Les Anglais et les Malais s'y coudoient avec les Indiens et les Chinois. La mission y possède une école de garçons dirigée par les frères des Écoles chrétiennes, et une école de filles confiée à la communauté des Dames de Saint-Maur.

C'est dans cette île, à quelque distance de la mer, que la Société des Missions-Étrangères établit son collége général en 1808. En le plaçant ainsi aux portes de l'Annam et de la Chine et en même temps à l'abri des coups du paganisme, elle lui assurait le calme et le recueillement nécessaires à des études sérieuses et en permettait l'accès aux élèves destinés au sacerdoce. Des jeunes gens appartenant à toutes les missions confiées à la Société, viennent s'y former à la vertu et y acquérir la science, ils retournent ensuite dans leur pays enseigner à leurs compatriotes les vérités de l'Évangile et souvent sceller leur témoignage de leur sang.

III

« Dès qu'il eut touché le seuil du collége, le P. Laigre
fut tout à son devoir et à ses chers élèves. Maintenant
qu'il n'est plus, il est facile d'apprécier la grandeur du
bienfait que Dieu avait accordé au Collége général en
lui envoyant un tel directeur. C'est bien de lui qu'on
peut dire en toute vérité, que, s'étant une fois tout
donné, il ne se partagea ni ne se reprit jamais, et ne
s'exposa pas un seul instant à tomber sous le coup de
l'anathème divin : *Nemo mittens manum suam ad
aratrum, et respiciens retro aptus est regno Dei.*
Désormais le Collége de Pinang sera sa maison ; et aux
jeunes élèves qui s'y forment à l'état sacerdotal, il donnera son cœur, ses travaux, sa bourse, son existence,
tout ce qu'il est et tout ce qu'il a, sans trêve ni repos,
jusqu'à son dernier jour. »

Les élèves étaient nombreux, et il n'y avait alors,
en février 1848, que trois directeurs pour faire une
besogne à laquelle évidemment ils ne pouvaient suffire :
c'étaient les PP. Tisserand, Martin et Jourdain. Après
une petite retraite de quelques jours, le P. Laigre se mit
courageusement à l'œuvre. Toutes les différentes charges
de la maison, il les exerça tour à tour : professeur dans
les classes de latinité, puis de rhétorique, de philosophie
et de théologie ; préposé aussi aux cours secondaires
de liturgie, d'Écriture sainte, de chant, de sciences
physiques et mathématiques, économe pendant quelque
temps : il jouissait d'ailleurs d'une robuste santé, et

pouvait dans l'occasion prêter secours à un confrère moins heureux et l'alléger d'une partie de ses travaux.

En même temps, il prit une part active à la composition de divers ouvrages didactiques latins, nécessaires à l'enseignement.

Digne émule du P. Martin, il semblait doué, lui aussi, d'une aptitude naturelle pour l'étude des langues.

L'annamite et le birman lui étaient d'un usage quotidien : il possédait assez bien le siamois, et la langue mandarine ne lui était pas étrangère. De plus, lorsqu'à une certaine époque, NN. SS. Miche et Berneux envoyèrent au Collége général des élèves du Cambodge et de la Corée, ce fut encore le P. Laigre qui se mit à l'œuvre pour apprendre ces deux nouvelles langues.

Le cœur des élèves est habile à découvrir le dévouement et l'amour. Aussitôt que le P. Laigre fut connu, il fut aimé, et un très grand nombre vinrent lui confier la direction de leur conscience. Dieu seul sait combien de ces jeunes gens lui doivent la persévérance, le salut, et quelques-uns même la grâce de la fidélité à Dieu jusqu'au martyre.

D'ailleurs, il s'était donné, afin de pouvoir être plus tôt à leur disposition, une peine incroyable ; aussi, dans les premières années, son tempérament vigoureux avait succombé à ces labeurs multipliés. Lui-même disait en plaisantant que le premier fruit de ses veilles prolongées avait été une grave maladie, qui, pour jamais, lui enleva l'envie de se coucher tard.

Pendant qu'il se dépensait ainsi tout entier dans ses

travaux de professeur et de directeur, il vit encore à deux reprises ses occupations et sa responsabilité augmenter par la charge de supérieur intérimaire, lors de l'absence du P. Martin, envoyé au pays natal pour rétablir une santé délabrée. Plus tard, à la mort de ce digne et vénéré supérieur, le P. Laigre fut placé à la tête du Collége général ; il devait y rester jusqu'à son dernier jour. Quant à sa classe de théologie, ce n'est qu'en 1881, après trente-trois années de professorat, et contraint par la fatigue, qu'il demanda à la céder à un confrère plus jeune.

Dans l'exercice de ses fonctions de supérieur, le P. Laigre apporta la même constance et la même fidélité que dans l'enseignement et la direction spirituelle, et, soit que l'on envisage l'administration du temporel, soit que l'on examine l'esprit qui règne au sein de la communauté, on peut apercevoir qu'en effet d'heureux progrès se sont réalisés.

IV

Ainsi marchait le Collége général, sous cette paternelle direction du bien-aimé et vénéré supérieur. Sans doute, avec l'âge, l'affaiblissement était arrivé; sa constitution résistait cependant, et on espérait le posséder longtemps encore lorsqu'il mourut presque subitement dans la nuit du 15 au 16 avril 1885.

« Depuis quelques jours, écrit le P. Guéneau, le P. Laigre était fatigué plus que d'habitude; nous l'attribuions aux grandes chaleurs; lui-même pensait comme nous et nous assurait que la fraîcheur de la saison des pluies le remettrait.

« Le mercredi 15 avril, jour de promenade à notre maison de campagne, le cher Père célébra la sainte messe, et tandis que nous nous rendions avec toute la communauté à Mariophile, le bon P. Laigre demeurait tranquillement à la maison avec quelques élèves. Dans la matinée, il fit sa visite quotidienne au Saint-Sacrement, récita ses petites Heures et ses chapelets.

« Vers dix heures, il descend ; les élèves l'aperçoivent marcher précipitamment en retournant vers sa chambre, et, arrivé au bout du corridor, s'appuyer contre une colonne. Ils accourent aussitôt à son aide, et le conduisent jusqu'à l'escalier, où ils le voient s'affaisser sur la dernière marche. Au plus vite, ils le portent dans sa chambre et le font asseoir dans son fauteuil.

« Vers midi, il les renvoya tous, leur disant qu'il allait bien et n'avait pas besoin de leurs services. Rien d'extraordinaire ne parut dans son état à un confrère qui revint de Mariophile vers trois heures.

« Au retour de la communauté, il était cinq heures environ, le Père qui ramenait les élèves étant allé à la chambre du cher malade, le trouva sur son fauteuil, le regard éteint, la respiration difficile, la langue paralysée. En vain il lui parle, le Père ne peut répondre, ni même regarder celui qui lui adresse la parole. Effrayé, ce confrère lui demande s'il veut recevoir l'Extrême-Onction : efforts pour parler, mais nulle articulation n'est possible. On s'empresse donc de lui donner l'absolution et le sacrement de l'Extrême-Onction.

« Le médecin appelé à la hâte ne put venir que vers six heures et demie, et tout de suite il déclara que c'était une attaque d'apoplexie, accompagnée de paralysie, et qu'il n'y avait rien à faire : notre cher supérieur n'avait plus que quelques moments à vivre.

« A neuf heures, une crise de toux survint et l'agonie commença. Nous étions tous là, entourant son lit, et aux invocations pieuses qui lui étaient suggérées, plusieurs crurent apercevoir certains signes témoignant qu'il comprenait, surtout au nom de saint Joseph, son patron. L'agonie fut pénible et longue. A onze heures trois quarts, le râle cessa tout à coup, et, après quelques courtes respirations, l'âme de notre bien-aimé Père s'envolait vers le ciel. »

LE P. GUYOMARD

MISSIONNAIRE AU CAMBODGE

(1858-1885)

I

C'était un Breton de vieille race que le P. Guyomard, vigoureux et vaillant; mais la mélancolie des landes solitaires et sauvages de son pays n'avait point atteint son âme; on eût dit qu'un rayon de soleil du Midi avait éclairé son berceau et fortifié sa vie; sa parole était vive, hardie, pittoresque, toujours prête à la riposte.

Il naquit le 23 février 1858, dans la paroisse de Baud (Morbihan), et fit avec succès ses études au petit séminaire de Sainte-Anne-d'Auray. Dans cette antique et calme demeure, au milieu de ces landes sauvages, peuplées de souvenirs glorieux ou tristes, chrétiens ou profanes, sous la protection de la mère de la Vierge Sainte, il sentit grandir avec l'énergie de sa foi l'amour de la vertu. Cependant, ce fut seulement au grand séminaire de Vannes qu'il entendit la voix douce et forte du divin

Maître l'appelant à la conquête des âmes sur une terre étrangère.

Lorsqu'il fut admis à la tonsure, en 1879, il écrivit à sa famille ces quelques mots, qui laissent deviner les aspirations de son âme : « Unissez vos remerciements à mes remerciements, vos prières à mes prières, ensemble bénissons Dieu de ce qu'il veut bien que je prenne part à son calice et à son héritage ; souffrances dans ce monde et gloire dans l'autre, voilà la part que la Providence me destine et que j'accepte avec joie, avec amour, avec reconnaissance. Samedi prochain, je placerai ma tête sous le ciseau de l'évêque, il coupera quelques mèches de mes cheveux et j'aurai une tonsure, j'aurai une couronne ; sera-ce une couronne d'épines, sera-ce une couronne de gloire ? »

L'année suivante, il entrait au Séminaire des Missions-Étrangères. En quittant sa famille il n'eut qu'un mot d'adieu, mais ce mot met à nu la bonté de son cœur, sa vive et tendre affection pour les siens. « Aie soin de mon père, aie soin de ma mère, dit-il à sa sœur ; veille sur leur âme, veille sur leur corps, écris-moi ce qu'ils pensent, ce qu'ils disent, ce qu'ils souffrent surtout. »

Pendant son séjour à Paris, il tournait de temps à autre ses regards vers ses amis de Bretagne ; il leur envoyait quelques conseils où la poésie se mêle à la piété. « Si tous les laboureurs savaient prier, écrivait-il un jour, s'ils voulaient élever leur cœur et leur âme vers ce Dieu si bon, si miséricordieux ; si avant de se lever et de se coucher ils avaient soin de l'adorer, de le bénir et de le louer; s'ils le remerciaient dans la joie comme dans la souffrance; si, en même temps qu'ils jettent dans le sein de la terre cette graine qui doit porter des fleurs et des fruits, ils jetaient dans le sein de Dieu ces élans de cœur, ces ferventes prières qui doivent germer dans le ciel et descendre sur eux en rosée de grâces et de bénédictions; si en arrachant les mauvaises herbes de leurs terres ils priaient Dieu d'arracher de leur cœur les mauvaises passions; si, le front ruisselant de sueur en été, et en hiver les mains gelées et la tête couverte de neige, ils priaient Dieu d'accepter leurs fatigues et de leur donner l'éternel repos des bienheureux; si, lorsque les épis sont jaunissants, que les fleurs poussent dans les prairies, et que les mélodies s'élèvent dans les cieux; si, au lieu de s'enivrer le dimanche et de passer leur temps à offenser Notre-Seigneur, ils adoraient le Dieu qui donne des fruits à la terre, des parfums à la fleur, des chants à l'oiseau, à l'âme des douceurs, des joies, des délices: quels ne seraient pas leur bonheur et leur consolation? combien cette vallée de larmes n'aurait-elle pas pour eux de charmes? »

Les conseils donnés sous cette forme gracieuse ne furent point inutiles. Le parent à qui ils s'adressaient les comprit, il alla se prosterner aux genoux d'un prêtre et faire l'humble aveu d'une trop longue négligence. D'autres fois, c'est à sa sœur qu'il écrit, il n'a point alors d'avis à donner, mais sa piété déborde et son amour des âmes ne se peut cacher; le moindre objet lui est une occasion d'en parler. « J'aime bien ton parterre, lui dit-il, il me semble le voir d'ici; occupe-toi de tes fleurs, je m'occuperai des âmes, quoi de plus beau qu'une fleur si ce n'est une âme ; quoi de plus beau que l'humble violette, le lis virginal, la rose empourprée, sinon des âmes douces et fières, pures et aimantes, réservées et charitables ? »

Lorsqu'il reçut sa destination pour la mission du Cambodge, il eut une parole dont on se souvient encore:
— Vous allez au Cambodge, lui disait-on, vous ne serez jamais martyr. — Les martyrs sont des paresseux, répliqua-t-il, ils vont au ciel en une heure, moi je veux bien marcher pendant trente ans. La Providence en avait décidé autrement et le P. Guyomard devait, lui aussi, aller au ciel en une heure.

II

Il partit le 28 mars 1883.

Il fut d'abord envoyé à Cai-quanh et placé sous la direction d'un ancien missionnaire. Lui-même a raconté ce voyage fait avec son Vicaire Apostolique dans une petite barque, à travers les grands fleuves et les innombrables arroyos de la basse Cochinchine.

Sa lettre est pleine d'une animation joyeuse et spontanée, elle donne sur les habitudes des chrétiens et leurs filiales relations avec les missionnaires d'intéressants détails. Nous en citerons une partie :

« Le lendemain de la Fête-Dieu, la cloche du séminaire annonce notre départ pour Cai-quanh. Les Pères viennent nous accompagner jusqu'à la barque, Mgr Cordier y descend ; en qualité de grand vicaire, j'ai l'insigne faveur de m'asseoir à sa droite. Nous partons. Pendant que le prélat me fait admirer les beautés du paysage, les cases des Annamites perdues au milieu des bananiers et des manguiers, un des rameurs bat le tambour pour avertir qu'un grand personnage passe; aussitôt, à travers la feuillée apparaissent de petits visages ébahis et curieux. Quand l'heure du dîner approche, Monseigneur m'invite à sa table... Nous avons des œufs dans notre panier, de l'eau en abondance dans la rivière; elle est un peu jaunâtre, mais sa couleur me rappelle le cidre de mon pays, et elle passe plus facilement.

« Nous arrivons à Sa-dêc, le provicaire est là debout sur l'appontement, en surplis, avec ses enfants de chœur vêtus de blanc et de rouge, et des fleurs sur la tête. Nous sommes introduits solennellement dans la chapelle, et, de là, dans la demeure du missionnaire, où tous les chrétiens viennent saluer l'évêque. De petits enfants lui chantent un compliment. La beauté de la musique m'empêche de comprendre le sens des paroles!

« Après deux jours passés à Sa-dêc, nous partîmes pour Cai-quanh, il nous fallut deux jours pour nous y rendre. En approchant, Mgr Cordier me fit voir, perdues dans les broussailles, une petite chapelle blanche et tout près, la maison du missionnaire: — Voilà, me dit-il, Cai-quanh, votre résidence.

« Nous abordons... Les dignitaires viennent saluer l'évêque, ils lui offrent une génisse et un porc. Un grand festin se prépare...

« Après ces fêtes de famille, viennent les cérémonies religieuses. Les trois jours que Mgr Cordier passa à Cai-quanh furent employés à préparer les enfants à la première communion et à la confirmation. C'était un beau spectacle de voir les petits Annamites s'approcher de l'autel de Dieu, du Dieu qui réjouit la jeunesse, et présenter leurs fronts à l'huile sainte qui fait les forts et les puissants; après la cérémonie, large distribution de médailles, de chapelets, de crucifix, que tous déploient sur leur poitrine avec une fierté qui fait plaisir. »

Le P. Guyomard resta quelques mois à Cai-quanh, se livrant avec ardeur à l'étude de la langue annamite. Lorsqu'il put confesser et prêcher, il fut chargé d'un poste nouvellement fondé par le P. Lavastre, à Goi-Trabec, situé dans le Cambodge, près des frontières de la Cochinchine française.

Ce district comptait quatre chrétientés et environ six cents fidèles. Le poste principal était établi à Trabec sur les bords du Vaïco occidental, à l'extrémité septentrionale de la morne et lugubre plaine des Joncs. Là, nulle trace de cette merveilleuse végétation de la Cochinchine française, mais de hautes herbes, des marais sans nombre surchauffés par un soleil de plomb, un fleuve au cours lent et régulier bordé de petits arbres sans tête et de palétuviers rabougris, de rares maisons assises sur les rives du Vaïco comme des naufragés au bord de l'île qui les a recueillis, et, dans le lointain, les montagnes de Tay-ninh.

Malheureusement, dans cette contrée, les circonstances étaient loin d'être favorables à l'évangélisation. Le Cambodge était plein de troubles. Peu de mois auparavant, le gouverneur de la Cochinchine française, M. Thomson, avait cru le moment favorable pour annexer à notre colonie ce qui restait de l'antique empire des Khmêrs, déjà soumis à notre protectorat. La révolte répondit à cet acte de conquête, et au Cambodge comme ailleurs, la révolte contre la domination des Français fut la persécution contre les chrétiens. Le P. Guyomard fut la première victime des rebelles.

III

Au mois de février 1885, on apprit à Saïgon qu'il venait d'être massacré. Aussitôt deux missionnaires, les PP. Combes et Cagnon, partirent afin de porter secours aux chrétiens, s'il était temps encore, et de chercher les restes de leur confrère.

A Bac-chien, ils rencontrent un enfant de quinze ans; ils l'interrogent : — D'où viens-tu, et sais-tu des nouvelles du P. Guyomard ? — Pères, répond-il, je viens de Trabec, je me suis échappé, j'ai été pris par les Cambodgiens dans la nuit du 29 au 30 janvier; le 30 au matin, en allant puiser de l'eau, j'ai vu devant la maison des bains le corps du P. Guyomard décapité. La tête était suspendue au peuplier planté devant l'église.

Les missionnaires continuent leur route; quelques heures plus tard, ils arrivaient à Trabec. Toutes les maisons étaient en cendres, seule l'église était encore debout, dressant son humble croix vers le ciel. Le signe de la Rédemption restait sur cette terre désolée; mais était-ce le présage d'un triomphe prochain ou de tribulations nouvelles?

Sur les deux rives du fleuve, gisaient des squelettes à moitié dévorés; dans le fleuve, flottant çà et là, des corps de femmes et d'enfants; près de la maison des bains, des vêtements déchirés et sanglants; à quelques pas plus loin, sur la berge, un cadavre informe, la tête, les mains, les pieds avaient été coupés. C'était le corps du P. Guyomard.

Les missionnaires essayèrent de savoir quelles avaient été les douleurs de son agonie, quelle dernière prière et quelle suprême parole de résignation ses lèvres avaient murmurées. Personne ne put le leur dire. D'après le témoignage de quelques chrétiens, le P. Guyomard avait essayé de fuir, il avait été vu son chapelet à la main traversant la rivière et s'enfonçant dans les hautes herbes. Les insurgés l'avaient découvert, ramené près de l'église et mis à mort sur le théâtre même de son apostolat.

Le P. Combes quitta sa soutane, il en enveloppa les restes de celui qui avait été son ami et les déposa dans une fosse creusée à l'intérieur de l'église.

C'est là que repose, en attendant le jour de la glorieuse résurrection, le P. Guyomard, apôtre d'un jour, soldat pour l'éternité de la blanche armée des martyrs.

LE P. PINABEL

MISSIONNAIRE APOSTOLIQUE DU TONG-KING OCCIDENTAL

(1844-1885)

« La mort vient de faire un grand vide parmi nous, écrivait Mgr Puginier, le 22 juillet dernier. Le P. Pierre Pinabel, le seul missionnaire échappé miraculeusement aux massacres du Laos, a succombé à la fièvre le 3 juillet. Après tous les malheurs qui ont affligé cette mission naissante des Chaû et Laos, il me restait encore un espoir : je comptais sur le P. Pinabel pour réunir de nouveau les néophytes dispersés, encourager et instruire les nouveaux catéchumènes qui n'avaient pu recevoir le baptême avant les désastres, en un mot pour rétablir les chrétientés et composer de nouveau les ouvrages de religion et les dictionnaires qui ont tous été perdus dans les pillages et les incendies de 1884. Voilà que dans un moment je viens de perdre ce dernier espoir, et je dois répéter une fois de plus : Que les desseins de Dieu sont impénétrables ! Que sa sainte volonté soit faite ! »

I

Le P. Pierre-Charles-Louis Pinabel naquit au Quesnay, petit village dépendant de la commune de Gonneville, située près de la grande route de Cherbourg à Valognes, dans cette petite vallée qu'au pays de Normandie on nomme le Val-de-Saire.

Il fut dès son enfance ce qu'il devait être toute sa vie, très doux, très pieux, très conciliant et grand travailleur. On nous a raconté ce trait : en 1851 ou 1852, M. l'abbé Grosville, nommé curé de Gonneville, alla, à son arrivée, visiter les écoles : — Voyons, mes amis, demanda-t-il, quel est celui de vos camarades que vous aimez le mieux ? Les enfants hésitèrent un instant, puis ils tournèrent les yeux vers un petit garçon de sept à huit ans qui se tenait modestement au bout d'une table : — Pinabel, monsieur le curé, c'est Pinabel. — Et quel est celui qui travaille le mieux ? continua M. le curé. — Pinabel, monsieur le curé, c'est Pinabel.

Ces heureuses qualités ne firent que se développer avec l'âge. Au petit et au grand séminaire, le P. Pinabel se montra toujours d'une régularité exemplaire et d'une affabilité qui ne se démentait jamais.

Il était déjà prêtre lorsque, le 7 septembre 1869, il entra au Séminaire des Missions-Étrangères.

En 1870, le P. Pinabel était envoyé dans la mission du Su-Tchuen ; mais à son arrivée à Hong-Kong, la situation des missions de Chine n'étant pas rassurante, sa destination fut changée. Il fut désigné pour le Tong-King occidental, et le 1er janvier 1871, il mettait le pied sur la terre annamite, accompagné de dix autres confrères, dont cinq pour la même mission, deux pour le Tong-King méridional et trois pour les vicariats des Dominicains espagnols. Dès leur début, ces jeunes apôtres eurent à subir les vexations dont les missionnaires étaient victimes depuis 1868. Leurs passeports durent être envoyés à Hué pour être vérifiés par la cour, et il leur fallut en attendre la réception pendant un grand mois avant d'entrer dans leurs missions respectives.

En 1872, le P. Pinabel fut chargé d'un vaste district, situé dans la province de Ninh-Binh, et comprenant cinq grandes paroisses où l'on comptait près de 15,000 chrétiens.

Il s'y dépensait tout entier au service des âmes, lorsqu'eut lieu l'expédition de Francis Garnier.

On a gardé souvenance de cette prodigieuse campagne de 1873 où, avec 212 hommes, un lieutenant de vaisseau faisait, en quelques jours, la conquête du delta du Tong-King.

Le 20 novembre, Garnier s'emparait de Ha-noï et, le 21 décembre suivant, il tombait victime de son impétueux courage sous les coups des Pavillons-Noirs. Son œuvre, hélas! disparut avec lui. A peine était-il mort que les troubles éclatèrent partout avec violence.

C'est dans le district du P. Pinabel que commencèrent les massacres et l'incendie, le 23 décembre. Trois prêtres indigènes, entre autres le curé de la paroisse où il se trouvait, plusieurs catéchistes et un grand nombre de chrétiens furent subitement massacrés par les lettrés soudoyés par les mandarins. En un instant, une trentaine de villages chrétiens étaient en feu; le P. Pinabel se trouvait sur le théâtre des malheurs; poursuivi par l'ennemi, il eut le temps de gagner, à la tombée de la nuit, une grotte du voisinage; mais il fut entouré par une bande d'ennemis. Heureusement les brigands n'osèrent pas entrer, mais ils fouillèrent avec leurs lances dans l'obscurité de la grotte, plusieurs fois le fer rasa et même toucha la poitrine du Père, qui se blottissait contre les parois du rocher. Vers le milieu de la nuit, suivi d'un catéchiste et d'un chrétien, le missionnaire réussit à gagner l'intérieur de la forêt où il passa deux jours, et put ensuite se réfugier à Ninh-Binh, où commandait alors M. Hautefeuille. Il y resta plusieurs jours, et fut assez heureux pour convertir et baptiser quelques pirates condamnés à mort.

Pendant les années 1877-1878-1879, le P. Pinabel remplit successivement les fonctions de procureur de la mission et de professeur de rhétorique au collége de Phuc-Nhac. C'est alors qu'il traduisit la deuxième partie du cours de liturgie de Falise (la première partie avait déjà été traduite par Mgr Theurel); il annota une concordance des saints Évangiles, traduite par le P. Vénard, traduisit quatre volumes de sermons, revit la traduction de *l'Introduction à la vie dévote*. Certes, le P. Pinabel restait digne de l'éloge que lui avaient décerné les écoliers de Gonneville.

En 1880, à la nouvelle des succès apostoliques du
P. Fiot dans le Laos, Mgr Puginier envoya deux autres
missionnaires pour recueillir la moisson qui s'annonçait si abondante. « Je fis choix, dit le prélat, de deux
sujets capables, déjà formés, les PP. Thoral et Pinabel
qui, à une expérience de dix ans dans le ministère,
joignaient toutes les qualités nécessaires pour rendre
de grands services à la Mission naissante. »

II

Le Laos est cette immense région sans limites bien précises, qui touche, au nord, la Chine ; à l'est, la Cochinchine
et le Tong-King ; au sud, le royaume de Siam ; à l'ouest,
la Birmanie. C'est un pays de montagnes peu élevées
mais nombreuses, coupées çà et là dans toutes les
directions par des torrents et des rivières, couvertes de
forêts où l'œil du sauvage peut seul distinguer quelque
sentier mal frayé. Les habitants appartiennent à plusieurs tribus, ils sont insouciants, apathiques, paresseux, hospitaliers et doux. Les femmes travaillent pendant que les hommes dorment, causent et fument.
Leur vie n'est pas luxueuse, leurs besoins sont aisé-
ment satisfaits, un peu de riz pour nourriture, quelques
centimètres de cotonnade pour vêtement ; si le vêtement manque, ils s'en inquiètent peu ; si le riz fait
défaut, ils se contentent de manioc ou de pousses de
bambous ; au point de vue religieux, ils ne sont partisans ni de Boudha ni de Confucius ; ils croient aux
esprits, aux génies, et ils les redoutent.

Tel était le peuple que le P. Pinabel allait évangéliser.

Parti de Kê-So le 13 janvier, il arrivait vers la mi-février à Naham. Situé au milieu des montagnes, éloigné de toutes les grandes voies de communication, sillonné de nombreux cours d'eau, le pays de Naham était habité par 700 à 800 personnes dont un certain nombre avaient déjà demandé le baptême.

Au mois d'août 1880, 500 personnes étaient baptisées, 300 catéchumènes sur le point de l'être, et dans les villages voisins, un nombre beaucoup plus considérable attendait qu'on pût les instruire. Mais, quand elle ne précède ou n'accompagne pas les succès aposto-liques, la croix les suit toujours. Au mois de sep-tembre, commençait pour les apôtres du Laos une série d'épreuves, suite inévitable de la guerre civile qui éclata entre deux populations de race différente.

Arrivés non loin de la chrétienté de Naham, les ennemis s'arrêtèrent quelque temps, craignant que les missionnaires ne fussent munis d'armes et de muni-tions ; ils envoyèrent une lettre au P. Pinabel, le priant de leur permettre de s'emparer du pays ; d'ailleurs, disaient-ils, ils respecteront les chrétiens. — Je suis maître de religion, et ne m'occupe pas de politique, répondit le Père ; puis il invite les chefs ennemis à venir le trouver, ceux-ci refusent et entrent en pour-parlers avec le P. Thoral.

Au milieu de tous ces troubles, l'évangélisation avançait cependant ; le 9 octobre, le P. Pinabel baptisait une trentaine de catéchumènes à Pha-Phung. A peine avait-il achevé la cérémonie, que des chrétiens de

Naham se précipitaient vers lui : — Père, s'écrient-ils, ayez pitié de nous, venez à notre secours, car les guerriers sont sur le point d'arriver ; ils viennent de sacrifier à leur drapeau neuf buffles et deux femmes enceintes , pour savoir s'ils peuvent se rendre chez nous. Le père se mit aussitôt en route ; les ennemis n'étaient pas encore à Naham, mais quelques jours plus tard ils y arrivèrent. Afin d'éviter le pillage, les missionnaires leur versèrent une somme de 1,400 francs et les bandits s'éloignèrent ; ce n'était que partie remise. Le 27 octobre, le P. Pinabel écrivait : « J'apprends que les guerriers ont envahi Naham une seconde fois. Le P. Nghi s'y trouvait encore, mais ils ne lui ont pas fait de mal ; ils se sont contentés de livrer le pays au pillage. Tous les effets de la mission et les miens sont perdus : pour ma part, mon petit bagage apostolique valait environ 1,000 francs. Le bon Dieu me l'avait donné, le bon Dieu me l'a enlevé, que son saint nom soit béni ! »

Heureusement, d'autres postes étaient déjà fondés. Le missionnaire se réfugia avec quelques chrétiens à Luc-Na ; là, à la limite des combats, il put continuer, dans une tranquillité relative, à gagner la confiance des populations et il implanta la foi dans plusieurs villages.

« Au mois de janvier, écrit Mgr Puginier, la tribu des Mûong-Dêng, appartenant à une sous-préfecture plus rapprochée de la plaine, ayant entendu parler des missionnaires, envoya des députés pour les prier de venir prêcher la religion. Le P. Pinabel partit, laissant le P. Thoral chargé seul du district supérieur ; mais leur isolement ne devait durer que quelques jours, car, après la mort du P. Fiot, j'avais envoyé le P. Perreau avec le titre et les pouvoirs de provicaire de la mission des Châu et Laos. Le nouveau supérieur était accompagné de trois autres missionnaires, ils furent rendus à destination quelques jours après le départ du P. Pinabel.

« Ce dernier confrère, arrivé chez les Mûong-Dêng, fut fortement éprouvé par la fièvre, qui le conduisit aux portes du tombeau et le laissa aveugle pendant plusieurs mois. Cependant, grâce aux soins du missionnaire le plus voisin, le P. Hébert, notre cher malade reprit peu à peu le dessus et finit par se rétablir complètement.

« Malgré les nombreuses difficultés qu'il éprouva de la part du sous-préfet, excité par le gouverneur de la province (Thanh-Hoa) à empêcher la prédication de la foi, le P. Pinabel sut assez bien gagner l'estime et l'affection des populations pour se maintenir dans le pays, y acquérir une influence bienfaisante et convertir plusieurs centaines d'habitants. Au mois de septembre de la même année (1881), il vint m'entretenir de sa chrétienté naissante, des espérances de nombreuses conversions et me demander du renfort. Je lui adjoignis un missionnaire, le P. Séguret, et lui accordai une dizaine de nouveaux catéchistes. Au bout de quelques mois, le Père baptisait près de 500 infidèles et le mouvement religieux se développait rapidement. Dans l'année 1882, la foi était implantée dans une vingtaine de villages et

de nombreuses tribus demandaient encore des catéchistes pour les instruire.

« Le P. Pinabel, après avoir élevé dix-huit églises dans
les nouvelles chrétientés, laissa le P. Séguret soigner les
néophytes des Mûong-Dèng et il vint s'établir dans un
endroit plus rapproché de la plaine, afin d'y fonder une
chrétienté et un poste pour y faciliter les relations
avec l'extérieur. Il réussit à exécuter son projet, et à la
fin de l'année, le 1er décembre 1883, sa nouvelle maison donnait l'hospitalité à trois jeunes missionnaires
et à une vingtaine de catéchistes, envoyés pour ren-
forcer la mission des Châu et Laos. Le P. Antoine était
destiné au district du P. Pinabel, et les PP. Rival et
Manissol se rendaient dans le district supérieur.

« L'arrivée des nouveaux missionnaires fut une vraie
fête ; on chanta la messe de saint François-Xavier, en
actions de grâces, afin de mettre sous sa protection le
reste du voyage. Hélas ! qui aurait pensé qu'un mois
plus tard, les missionnaires du Laos seraient massacrés avec 50 catéchistes ; que 80 chrétientés environ
seraient ou détruites ou dispersées, et que cette mission
naissante n'existerait plus que par ses néophytes, dans
l'âme desquels a été implantée la foi et a été imprimé
le signe ineffaçable du baptême? Mais, au Tong-King,
les événements marchent vite et les désastres éclatent
avec une rapidité telle qu'il est souvent à peine possible de les prévoir. »

III

Le 20 décembre, le P. Pinabel recevait d'un prêtre annamite un billet ainsi conçu : « Père, les mandarins se remuent, dans trois sous-préfectures ils se sont réunis, les cantons et les communes lèvent des troupes. Est-ce pour massacrer vos chrétiens? Est-ce pour dévaster mon quartier? Je n'en sais rien. »

Cette lettre disait vrai, une bande était chargée de détruire les chrétientés de la sous-préfecture de Chau-Hoa, une autre, celles de la sous-préfecture de Long-Chanh. Les néophytes laotiens se préparèrent à fuir; le P. Pinabel essaya de les encourager, ils l'écoutaient en silence et avec respect, puis ils s'éloignaient en branlant la tête : — Nous sommes tous perdus, c'est chose certaine, murmuraient-ils. Le missionn aire n'était pas plus rassuré qu'eux : « Je faisais le brave pour maintenir le moral, a-t-il écrit, mais je passais mes nuits sans sommeil et, selon le proverbe annamite, je ne trouvais pas la nourriture bonne et le sommeil n'était pas paisible. »

Les craintes des uns et des autres n'étaient que trop justifiées. Le 26 décembre, on apprenait que deux catéchistes venaient d'être pris et décapités ; le P. Pinabel aurait pu fuir encore, il préféra rester auprès de ses sauvages : — Nous avons vécu avec vous en temps de paix, leur dit-il, je ne veux pas vous abandonner dans le malheur; comprenez par là qu'à la vie et à la mort, nous sommes avec vous : le pasteur n'abandonnera pas son troupeau.

Il donna alors aux plus vaillants l'ordre de tenir leurs armes toujours prêtes, il plaça des sentinelles aux alentours du village. Le 1er janvier, à midi, un coup de fusil retentit : c'était le signal qui annonçait l'arrivée des brigands : « Aux armes, aux armes ! » crie-t-on de toutes parts, et le combat s'engage : résistance inutile, les brigands étaient vingt contre un. Au bout d'une demi-heure, tous les sauvages prenaient la fuite, le missionnaire dut les suivre; heureusement, le pillage arrêta les vainqueurs.

Égarés au milieu de la forêt, les fugitifs ne savaient de quel côté tourner leurs pas; la nuit se passa dans des appréhensions continuelles. Au point du jour, ils découvrirent quelques racines, deux ou trois fruits; ils n'avaient pas mangé depuis vingt-quatre heures; racines et fruits disparurent en un instant, puis l'on se remit en marche.

Après une heure de route, ils aperçurent une misérable hutte; cette fois la Providence les avait heureusement conduits; le maître de la cabane était un chrétien que le P. Pinabel avait baptisé. Mais leur joie fut de courte durée, le lendemain matin ils se trouvèrent seuls; la crainte avait éloigné leur hôte. Que devenir? où aller? Dans la forêt? on mourrait de faim; dans la plaine? les brigands y étaient : ce dernier parti fut cependant adopté. Tantôt suivant les sentiers battus, tantôt essayant de traverser d'impénétrables fourrés, tournant les postes des soldats ou les villages ennemis, ils marchèrent pendant plusieurs jours. A la fin, ils trouvèrent un petit torrent dont le cours indiquait la route; ils voulurent y descendre. Pendant qu'ils tentaient de se frayer un passage à travers les broussailles, ils entendirent des voix au-dessous d'eux ; aussitôt ils se courbèrent, immobiles, anxieux, retenant leur respiration. Ils regardèrent qui passait : c'était une escouade de brigands qui escortaient une dizaine de prisonniers ; ils se réjouissaient hautement de leurs succès : — Depuis que je suis né, disait l'un d'eux, je n'ai jamais passé une aussi heureuse journée qu'aujourd'hui.

Le lendemain, les fugitifs rencontrèrent un païen qui consentit à les recevoir dans sa barque. Déjà ils se croyaient à l'abri de tout danger, ils voguaient rapidement et joyeusement lorsque, à un détour du fleuve, ils aperçoivent une cinquantaine de soldats et un mandarin. Impossible de remonter le courant, plus impossible encore de descendre à terre sans éveiller l'attention du poste. Il faut essayer de passer ; mais le mandarin a vu la barque : — Aborde ici, crie-t-il au patron. Missionnaires et chrétiens se réfugient dans la cale. Tentative inutile, les soldats les découvrent et les garrottent. « Le mandarin voulait nous couper la tête immédiatement, dit le P. Pinabel, et je crus le moment suprême arrivé. Je donnai une absolution générale à tous mes hommes et offris mon sang à Jésus-Christ pour ma mission. » Un chef subalterne les sauva. — Mandarin, fit-il, si ces gens sont coupables, le gouverneur de la province les condamnera, mais il n'est pas bon de les tuer ici sans jugement.

Le mandarin se laissa persuader, il détacha trente soldats avec ordre de conduire les prisonniers à la sous-préfecture située à trois jours de marche; mais, auparavant, il les fit charger d'une lourde cangue.

A mesure que le missionnaire s'avançait vers la plaine, des consolations venaient alléger ses souffrances. A Ke-Va, toute la population chrétienne, hommes, femmes, enfants, à genoux, au milieu des champs, se prosternèrent sur son passage. «Je pleurai, dit-il, mais mes larmes étaient des larmes de joie et je n'aurais pas changé ma cangue pour un collier d'or. »

Le dévouement apostolique a ses traditions toujours vivantes. En 1840, au milieu des horreurs de la persécution, Mgr Retord s'écriait : — La faim vaut mieux qu'une montagne d'or. Quarante-cinq ans plus tard, sur cette même terre du Tong-King, le P. Pinabel parlait comme l'évêque d'Acanthe.

Enfin, le 9 janvier, ils arrivèrent à la sous-préfecture et partirent aussitôt pour le chef-lieu de la province : — C'en est fait, disait-on sur leur passage, ils vont être décapités. Le [mandarin de la justice les fit appeler à son tribunal; il invita le P. Pinabel à s'asseoir, lui offrit le thé, déclara les mandarins complètement innocents de tous les massacres, accusa les brigands, annonçant qu'il allait les faire saisir et les punir selon toute la rigueur des lois.

Autant de paroles, autant de mensonges; mais que répondre? Le missionnaire demanda seulement l'autorisation de partir pour le collége de Phuc-Nhac, dans la province de Ninh-Binh; le mandarin y consentit et lui donna un sauf-conduit. M. Tricou venait d'arriver à Hué, et, dans la crainte de voir échouer les négociations et punir sa perfidie, le premier régent avait donné l'ordre de surseoir aux massacres ; ce fut à cette circonstance que le P. Pinabel dut la vie.

IV

Il n'eut pas, comme ses frères d'armes, les missionnaires du Laos, l'honneur et la joie de répandre son sang pour Jésus-Christ ; mais il y a d'autres souffrances que celles du martyre. La maladie n'est pas chose douce, il ne s'agit pas alors de descendre une seule fois dans l'arène et de mourir, c'est plus long et partant plus dur, le corps est frappé, l'âme aussi, lentement, mais sans cesse, un acte d'héroïsme ne suffit pas, il faut une succession d'actes de patience, de douceur, de résignation, cette dernière vertu de ceux qui semblent ne pouvoir plus rien. Ce fut la part du P. Pinabel.

Il fut envoyé par son évêque au Sanatorium de Hong-Kong. Il y resta près d'une année ; peu à peu les forces lui revinrent et il repartit pour le Tong-King. La guerre ne lui permettait pas de retourner chez les sauvages, il s'établit dans une paroisse voisine des montagnes afin de pouvoir plus facilement renouer des relations avec les chrétiens échappés au massacre.

Au mois de juin, il fut repris par la maladie ; il put encore la vaincre, mais c'était la dernière fois ; quelques semaines plus tard, il sentit un engourdissement des bras et des jambes, la fièvre ne le quitta plus. Dans la nuit du 2 au 3 juillet, Dieu le rappela à lui. — Prions pour son âme et pour le Laos.

LE P. POIRIER

MISSIONNAIRE DE LA COCHINCHINE ORIENTALE

(1848-1885)

« C'était par une belle soirée du mois d'août 1864, nous étions assis à notre porte, respirant la douce brise qui venait rafraîchir l'atmosphère embrasée ; après quelques instants de tranquillité, mes deux petites sœurs s'éloignèrent et nous restâmes seuls, Jean-Marie et moi, causant de nos projets d'avenir :

« — J'ai un projet à te confier, me dit mon frère à voix basse, mais il faut que tu me promettes de le garder jusqu'à ce que je te donne la permission d'en parler ; me le promets-tu ? — Oui, lui répondis-je. — Eh bien, petite sœur, je serai missionnaire, oui, je m'en irai bien loin, bien loin pour gagner des âmes au bon Dieu. — Mais les prêtres de notre pays ne gagnent-ils pas des âmes eux aussi, pourquoi ne veux-tu pas rester ici ? — Parce que c'est-là bas qu'il faut que j'aille. Et il ajouta, avec un accent que je n'oublierai jamais de ma vie : — Oh ! si tu savais, petite sœur, ce que j'ai lu l'autre

jour et quelle est la beauté d'une âme! Dussé-je n'en
gagner qu'une, j'irai, coûte que coûte. »

Tel est le récit que nous a transmis la sœur du
martyr Jean-Marie Poirier.

I

Le P. Poirier, né le 23 juin 1848, à Sainte-Colombe (Ille-
et-Vilaine), avait alors seize ans, et c'était la première
fois qu'il parlait de son projet de vie apostolique.

Six ans plus tard, Mademoiselle Poirier prenait l'habit
religieux au couvent des religieuses de l'Immaculée-
Conception, et quelques heures après, l'abbé Poirier,
accouru du grand séminaire de Rennes, se promenait
avec sa sœur dans les jardins de la communauté.

— Te souviens-tu, petite sœur, lui demanda-t-il,
de ce que je t'ai dit au sujet de ma vocation? — Oui,
répondit-elle. — En as-tu parlé? — Non, jamais. — Eh
bien, maintenant tu peux le dire: dans trois mois je
partirai pour Paris.

Ainsi que M. Poirier l'annonçait, au mois de septembre il entra au Séminaire des Missions-Étrangères.
Ce premier sacrifice ne se fit pas sans déchirement.
« Arrivé à Paris, écrivait-il, je n'en pouvais plus. Je
crus même un moment que j'allais succomber dans le
terrible combat que le démon me forçait de soutenir.
Bref, *suî compos* n'était plus une épithète convenable
à l'abbé Poirier. Cependant, grâce à la puissante
protection de la Reine des Apôtres et des Martyrs, de
nos saints anges et saints patrons que nous ne cessons

d'invoquer, j'ai réussi à remporter la victoire. Le mal du pays est cicatrisé, la douleur que je ressentais d'être à jamais séparé de mes parents n'est plus aussi vive; pour l'amour de Notre-Seigneur Jésus-Christ, je souffre tout cela avec plaisir. »

Bientôt la prière et l'oraison firent goûter non seulement la paix, mais le bonheur à l'âme du jeune aspirant; M. Poirier savait d'ailleurs comprendre les enseignements de tout ce qu'il voyait autour de lui. Après avoir dit les sentiments de foi et de piété que lui inspiraient les leçons de ses directeurs, il ajoute: « A l'Oratoire, un autre sujet de méditation se présente à l'intelligence et au cœur ; la bonne Mère nous apparaît déversant dans nos âmes toutes sortes de bénédictions. Il nous semble la voir nous apprendre les vertus d'humilité, de charité et de zèle! Nous courons ensuite à la troisième école, à l'école de l'amour de Dieu et des âmes mis en pratique. Prosternés devant les précieuses reliques de nos vénérés martyrs, nous les prions d'avoir pitié de notre faiblesse et de nous apprendre le chemin de la perfection en nous obtenant la communication de leur vive foi, de leur charité brûlante, de leur courage et de leur sérénité au milieu des supplices. On peut alors entendre leur réponse : L'absence de la croix est l'absence de la vie, dit l'un. Un autre : Souffrir pour Dieu est désormais ma devise. Un troisième, d'accord avec saint Paul, veut que nous aimions le divin Maître comme des fous. Quels enseignements et quels docteurs! Récite chaque jour un *Ave Maria* afin de m'obtenir la palme sanglante et glorieuse des triomphateurs. Quel heureux sort que celui du martyr! La corde, le sabre, la hache ou les tenailles lui ouvrent immédiatement la porte de la Jérusalem céleste, le font aussitôt participer au vrai bonheur en lui donnant pour toujours la possession de Celui qui réjouit les anges et les saints. »

Au jour du sous-diaconat, il demanda de mourir. « J'ai soupiré ardemment, écrivait-il, et j'ai demandé avec instance de mourir en ce jour de ma consécration perpétuelle. Cette grâce ne m'a pas été accordée : je n'en étais pas digne. »

Lorsqu'arriva le moment du départ, il lui sembla plus généreux de ne point aller revoir ses parents. « Je voudrais, disait-il, imiter saint François-Xavier, qui refusa de visiter sa famille avant de partir pour les Indes. »

La famille du P. Poirier ne se résigna pas à ce dernier sacrifice et le missionnaire dut retourner en Bretagne. Il sanctifia son voyage en allant prier à la basilique de Sainte-Anne d'Auray et au sanctuaire de Pontmain, le pays aimé de Notre-Dame d'Espérance.

III

Arrivé dans la mission de Cochinchine orientale, il fut placé à Trung-Tin, dans le Quang-Ngai, afin d'apprendre la langue.

Au bout de quelques mois, il fut envoyé chez les sauvages Ba-hnars.

Les Ba-hnars habitent une région montagneuse et

boisée située au 14° latitude nord et au 104° longitude est ; les montagnes sont peu élevées et les forêts ne renferment que des arbres de grandeur ordinaire.

« On n'admire pas ici, écrit le P. Combes, ces sites pittoresques qu'on trouve, dit-on, à chaque pas dans les forêts vierges d'Amérique ; l'aspect du pays est presque partout uniforme : pas de cascades retentissantes, pas de précipices affreux, pas d'arbres aussi antiques que le monde, comme l'imagination aime à s'en figurer dans tout pays habité par des sauvages. Aussi le seul plaisir que nous éprouvions dans nos courses pénibles, c'est la pensée que nous marchons au nom de Dieu, c'est l'espoir de lui gagner quelques âmes. Ce motif seul ne suffit-il pas du reste pour encourager le missionnaire à supporter les fatigues et même pour leur donner du charme ? »

Le sol est assez fertile, mais les habitants sont trop paresseux et leurs instruments de culture trop primitifs pour qu'il puisse y avoir d'abondantes moissons.

Le Ba-hnar défriche quelques arpents au milieu de la forêt ; avec un bâton, il essaie de remuer la terre, il y jette la semence ; ce sont là ses plus savants procédés de culture. Au bout de deux ou trois récoltes, la terre est épuisée, et le sauvage va faire ailleurs un nouveau défrichement pendant que les arbres et les hautes herbes repoussent dans l'endroit qu'il vient de quitter.

La langue que parlent les Ba-hnars n'a rien de commun avec la langue annamite ; elle est riche en expressions relatives aux choses usuelles, au commerce, aux

travaux des champs, mais fort pauvre dans tout ce qui
a trait aux choses intellectuelles.

L'écriture est absolument inconnue ; les sauvages ne
comprennent pas qu'on puisse exprimer sa pensée
autrement que par la parole. « Aussi, écrit un missionnaire, quand ils nous voient regarder un livre, ils
font mille questions des plus curieuses. — Que te dit le
« *labaar*? demandent-ils (c'est ainsi qu'ils appellent
« le papier). C'est inintelligible ! c'est vraiment mysté-
« rieux ! Comment, il te parle ! tu l'entends ! tandis que
« nous ne saisissons pas un seul son de sa voix ! »
Puis ils nous interrogent sur l'avenir, persuadés que
rien n'est inconnu à quiconque possède la connaissance du *labaar*. Plusieurs fois, surtout dans le principe, on venait consulter ce fameux papier, comme une
des plus célèbres sibylles de l'antiquité. « J'ai perdu
« tel objet, disait l'un ; demande au *labaar* où je
« pourrai le retrouver. — On m'exige une dette de
« mes aïeux, disait l'autre ; vois si mon père ne l'a
« point payée jadis. »

Les sauvages se groupent par villages de vingt à cent
maisons ; au centre de chaque hameau, ils dressent
un vaste hangar où ils tiennent leurs séances, célè-
brent leurs fêtes et offrent leurs sacrifices.

Les habitations sont grandes, bien aérées, et ne man-
quent pas, dans leur agreste simplicité, d'un certain
degré d'élégance, surtout quand elles sont encore
neuves. Deux rangs de colonnes en bois les supportent
et le plancher inférieur, formé de lattes de bambous
bien tressées, ou seulement aplaties et fortement unies

ensemble, s'élève à cinq ou six pieds au-dessus du sol; un autre treillis moins serré tient lieu de mur. La toiture, fort mince et bien élancée, est ajustée avec des pailles très longues, que les femmes choisissent une à une; le rotin remplace partout les clous. L'intérieur est divisé en autant d'appartements qu'il y a de familles; on en réserve un plus grand que les autres pour recevoir les étrangers; quelques jarres destinées à contenir du vin en font tout l'ornement.

Après avoir dirigé pendant quelque temps la chrétienté de Ro-haï, le P. Poirier passa à Kon-trang, dans la tribu des Cédans. Il y tomba bientôt malade.

« Dans nos libres montagnes, écrit le P. Dourisboure, le fondateur de la mission des Ba-hnars, dans ce pays d'absolue indépendance, il est une reine tyrannique, implacable, au joug de laquelle personne n'échappe. Cette reine, c'est la fièvre. Les indigènes eux-mêmes lui paient tribut de temps en temps. Quant aux étrangers, pas un n'échappe. La plupart y succombent, et ceux qui ont la force de survivre se relèvent bien différents de ce qu'ils étaient d'abord. Je dis ceci surtout à nos futurs successeurs, non pour les décourager, — un vrai missionnaire ne se décourage pas pour si peu, — mais pour les avertir et les consoler d'avance. Un jeune missionnaire caresse toujours, plus ou moins, au fond de son cœur, l'espérance du martyre. Eh bien, à tous ceux qui seront envoyés chez nos sauvages, je promets le martyre, martyre sans éclat, sans cangue et sans rotin, sans torture et sans effusion de sang, mais martyre non moins douloureux, beaucoup plus prolongé, et, je l'espère, également agréable au Dieu que nous prêchons, au Seigneur Jésus crucifié. »

Ce fut ce martyre qu'endura le P. Poirier; il y aurait succombé si son évêque ne l'avait rappelé en pays annamite.

III

Pendant trois ans, il exerça les fonctions de procureur de la mission, et en 1880, il fut chargé du poste de Phu-Tuong, non loin de Tourane, dans la province du Quang-Nam. Ce district comprenait douze chrétientés : An-Ngai, Tung-Son, Hoa-Mi, Hôi-Yen, Côn-Soi, Buu-Son, Loc-Hoa, Phu-Ha, Tach-Nham, Dông-Mon, An-Châu; on comptait 2,670 chrétiens; Phu-Tuong possédait un couvent où étaient réunies cinquante-deux religieuses annamites et un orphelinat avec quatre-vingt-quinze enfants.

Les chrétiens étaient pauvres, leurs besoins considérables, le bien à faire immense; le P. Poirier n'hésita pas à tendre la main à ses parents et à ses amis; une généreuse charité répondit presque toujours à ses pressants appels. On le connaissait si bien, on savait qu'il se dépensait tout entier au service de ses chrétiens, les chiffres d'ailleurs étaient là pour prouver son zèle. En 1881, il baptisa cent huit païens. « Mais, hélas! disait-il, tout cela était trop beau pour durer. » En effet, la maladie devait bientôt arrêter ses travaux et ses succès. Au mois de février 1883, il était à Saïgon. « En arrivant à l'hôpital, dit-il, le docteur en chef, après m'avoir bien ausculté et examiné, a écrit sur le grand registre ce qui suit : Le Père Poirier, missionnaire apostolique, est atteint d'une cachexie extrême, d'une anémie profonde ; il a de plus l'ascite et la rate congestionnée. »

« Cependant, ajoute le courageux malade, je retournerai dans ma mission, et dussé-je mourir, je mourrai plutôt que d'être infidèle à ma vocation. Certes, je ne désire ni la mort, ni la maladie : je désire la santé, je souhaite travailler, mais avant tout, à la Providence !»

Il dut partir pour le Sanatorium de Hong-Kong, où il resta près d'une année ; lorsqu'il revint, il fut envoyé dans le district de Van-Bân, province du Quang-Ngaï.

« J'étais heureux dans mon nouveau district, écrivait-il le 30 juin 1885, tout marchait avec entrain, surtout il y avait autour de moi un mouvement de conversions admirable et vraiment extraordinaire. Depuis le premier de l'an jusqu'à Pâques, j'avais baptisé cent cinquante catéchumènes ; un grand nombre de païens demandaient à se convertir, plusieurs communes étaient sur le point d'abandonner le culte des idoles pour se faire chrétiennes. Tout cela était de nature, n'est-il pas vrai, à réjouir le cœur du missionnaire ? »

Le P. Poirier ne devait pas goûter longtemps cette joie profonde qu'éprouve tout apôtre à voir prospérer l'œuvre de Dieu. «Les mandarins et les lettrés, raconte-t-il lui-même, jurèrent de m'empêcher à tout prix de prêcher la religion chez eux. Ils mangèrent, selon l'expression annamite, le serment du sang, c'est à-dire, à un jour fixé, chaque village se rassemble à la maison commune, on égorge un bœuf et un cochon, on boit du sang encore chaud, on festoie à la païenne. Ainsi, en un jour, tous les païens, dans une région de vingt lieues de long sur quatre lieues environ de large, se trouvèrent obligés par serment à combattre la religion, à persécuter les chrétiens. Sans aucune raison apparente, le chef de canton emprisonna plusieurs néophytes, les fit mettre à la cangue après les avoir frappés. »

« Ayant eu connaissance de ces faits, dit Mgr Van Camelbeke dans une lettre datée du 8 juin 1885, le P. Poirier n'hésita pas à se rendre près du sous-préfet pour réclamer justice.

« Ses efforts demeurèrent sans résultat, et c'est alors que notre confrère se disposa à aller lui-même à Van-Bân pour voir s'il n'y aurait pas moyen d'entrer en négociations pacifiques avec les autorités du village. Il les fit donc inviter à venir le trouver à la petite cure de cette nouvelle paroisse ; mais aucun d'eux n'accepta l'entrevue proposée. Voulant en finir au plus tôt, le P. Poirier, animé des intentions les plus pacifiques, ne fit pas de difficultés d'aller lui-même à la maison commune du village, accompagné d'un seul domestique âgé de dix-huit ans. Un peu après, trois chrétiens suivirent aussi le Père. Mais les païens ameutés refusèrent d'entrer en accommodement avec le missionnaire. Bien plus, ils le saisirent brutalement et le frappèrent de violents coups de bâton, surtout à la tête et au bras gauche. Le pauvre Père, ainsi maltraité, dut rester sur

place, couvert de nombreuses blessures et attendant le
coup de grâce. Il fit alors généreusement le sacrifice de
sa vie, prêt à mourir pour la cause de notre sainte
religion. Un des chrétiens, témoin de cette scène tra-
gique, s'empressa d'aller en toute hâte annoncer la nouvelle de cet odieux attentat aux PP. Garin et Guégan,
alors fort éloignés de là. Ces deux confrères partirent
immédiatement, et, en passant, entrèrent dans la citadelle du chef-lieu pour porter leurs plaintes au grand
mandarin et réclamer secours et protection en vertu
des passeports dont sont munis les missionnaires. Leur
requête demeurant sans effet, ils continuèrent brave-
ment leur chemin. Mais, avant d'arriver sur le territoire de Van-Bân, ils rencontrèrent des chrétiens qui
leur annoncèrent que tous les villages étaient soulevés
en masse et les supplièrent de ne pas chercher à pénétrer, en ce moment, près du P. Poirier, car c'eût été
s'exposer inutilement à un danger certain à cause de
l'état de surexcitation générale. Ce ne fut donc que le
lendemain qu'ils firent une nouvelle tentative pour
arriver jusqu'au théâtre de l'émeute.

« On ne les avait pas trompés ; car, à peine appro-
chaient-ils de la maison commune où gisait le pauvre
blessé, que le gong donna l'alarme et de tous côtés une
véritable armée sembla sortir de terre afin de les pour-
suivre et de renouveler leurs récentes prouesses. Il leur
fallut donc céder devant la force et se réfugier chez les
chrétiens de Van-Bân.

« La nuit suivante, le P. Garin put, en cachette, pénétrer jusqu'auprès du P. Poirier, dont la tête était cou-

verte de blessures encore saignantes, les bras noirs et meurtris de coups, les jambes transpercées par les lances. L'entrevue fut des plus touchantes. Le pauvre malade, croyant sa fin venue, profita de cette visite pour se confesser ; il put même recevoir la sainte communion. »

Le lendemain, cependant, le P. Poirier fut remis en liberté ; hélas ! ce ne devait pas être pour longtemps.

<h2 style="text-align:center">III</h2>

Après la signature de la paix avec la Chine, le général de Courcy parti pour Hué avec une nombreuse escorte, avait été attaqué la nuit même de son arrivée par une armée de trente mille Annamites ; préparée avec une habileté infernale, cette trahison avait échoué, grâce au courage de nos troupes.

Mais le lendemain, le roi récemment élevé au trône, et le deuxième régent, Thuyêt, prenaient avec leurs soldats la route de Cam-Lô. Le premier régent Nguyên-van-Tuong, restait à la capitale, comptant sur sa fourberie, qui jamais ne lui avait fait défaut, pour tromper les Français.

Alors, sur l'ordre de Thuyêt, auquel obéissaient les mandarins et les lettrés, le pays tout entier se leva contre les chrétiens ; des milliers d'hommes, aidés des soldats de l'armée régulière annamite, enveloppèrent les villages catholiques. Il n'y eut plus ni juges, ni bourreaux, ni condamnations : mais des égorgeurs, des incendiaires et des victimes. Ce n'étaient plus quelques bandes opérant isolément contre un point déterminé :

c'étaient des milliers et des milliers de bandits, frappant partout sans distinction d'amis ou de parents, de femmes ou d'enfants, de fugitifs ou de combattants.

Plus d'une fois, on s'est demandé la cause de ces pillages, de ces incendies, de ces massacres qui, des bords du golfe de Siam aux rives du Fleuve Jaune, ont ruiné et ensanglanté des Missions naguère tranquilles et florissantes? Quels sentiments de cupidité, de vengeance ou de haine ont armé le bras des égorgeurs?

A cette question, il n'y a qu'une réponse, mais elle fait pénétrer jusqu'aux profondeurs les plus intimes du paganisme; elle montre la base de sa doctrine, en révèle l'auteur et en dévoile les conséquences. La cause de tant de ruines, ce fut la haine; le sentiment qui a soutenu et excité les bandits dans leur sinistre besogne, ce fut la haine.

Cette haine existe depuis des siècles, elle est double.

Il y a la haine que tout païen porte aux chrétiens, qui se trouve partout et toujours, et peut se définir d'un mot: c'est la haine de Satan contre Dieu.

Il y a la haine contre l'étranger. Chez les nations d'Extrême-Orient, la patrie n'est pas, comme en Occident, la réunion en un seul corps, d'un nombre plus ou moins considérable de provinces, liées par des souvenirs glorieux ou tristes; peut-être serait-elle quelque chose comme dans les sociétés antiques, un territoire que la religion nationale a consacré; à coup sûr et de prime abord, on peut dire que la patrie est surtout la terre des ancêtres, et l'ensemble des lois, des institutions, des coutumes. Les peuples d'Extrême-Orient détestent l'étranger, moins parce qu'il commande au nom d'un nouveau maître que parce qu'il s'empare du sol où reposent les aïeux, impose de nouvelles lois, change les coutumes et se rit des usages anciens.

Souvent ces deux haines se réunissent et retombent de tout leur poids sur la tête des chrétiens. Il faut chercher la cause de ce fait dans la confusion du pouvoir civil et du pouvoir religieux.

« Les Français sont chrétiens ; tu es chrétien ; donc tu es ami des Français ; donc tu trahis ton pays. » Le mandarin qui parlait ainsi, il y a peu de mois, traduisait exactement l'opinion générale ; il trouvait son argument irréfutable, et tous les raisonnements, toutes les affirmations, toutes les preuves du contraire s'y seraient inévitablement brisés.

Aussi partout où un cri de mort s'est élevé contre les Français, le même cri a été poussé contre les chrétiens. « Exterminons les Français du dedans, disent les lettrés annamites ; nous exterminerons ensuite les Français du dehors. »

C'est dans ce sentiment, qui existe aussi bien chez l'Indien que chez l'Annamite et le Chinois, qu'il faut chercher la raison dernière des récents massacres. Les chrétiens d'Extrême-Orient ont été tués en haine de la religion et de la France, et voilà pourquoi ils ont droit au respect de tous les Français et de tous les catholiques, non pas à ce respect stérile qui salue et passe, mais à ce respect d'où naissent la pitié pour le malheur et la protection pour le droit méconnu de la faiblesse.

IV

Le 14 juillet, le P. Geffroy, qui résidait à Gia-Huu, chrétienté la plus voisine du Quang-Ngai, recevait ces trois lignes que le P. Poirier adressait à l'évêque :

« Monseigneur, obtenez qu'un navire de guerre arrive au Quang-Ngai, vite, vite, avec deux cents soldats. Peut-être trop tard. Adieu !

« Votre missionnaire,

« Jean-Marie POIRIER. »

A ce billet, dont le laconisme sonnait comme un glas d'agonie, il joignait une lettre assez détaillée, dans laquelle il donnait les nouvelles qui lui étaient parvenues de plusieurs points de la province. « Les lettrés, disait-il, avaient levé l'étendard de la révolte, ils s'étaient emparés de la citadelle du chef-lieu, avaient élu pour roi un prince que Tu-Duc y avait jadis exilé, et se préparaient à exécuter le massacre général des chrétiens. »

Le 15, les deux catéchistes du P. Poirier arrivaient dans la matinée à Gia-Huu. « Le Père les avait contraints à fuir, racontèrent-ils au P. Geffroy, tandis que lui restait avec ses chrétiens, pour les préparer à mourir et mourir avec eux, puisque la fuite générale était devenue impossible. »

Voici les détails qu'ils rapportèrent ensuite sur le P. Poirier et sur ses chrétiens. Des quatre cents fidèles

que comptait Bâu-Gôc, une douzaine seulement avaient
pu échapper au massacre. La paroisse avait été cernée
dans la nuit du 14 au 15, avant que personne ne s'en
aperçût. Dès que l'alarme fut donnée, le Père passa le
reste de la nuit à confesser ainsi que toute la journée
du 15, et encore la nuit suivante, prenant à peine le
temps de manger. Le 16, fête de Notre-Dame du Mont-
Carmel, il célébrait sa dernière messe à deux heures et
y communiait tous ses chrétiens : ce fut le viatique des
martyrs. Après l'action de grâces, on continua les prières
dans l'attente de la mort, car on croyait que les égorgeurs envahiraient la paroisse à l'aube du jour.

Le missionnaire était rentré dans sa maison, proche
de l'église ; et ses chrétiens étaient réunis dans la cour
quand, au petit jour, retentirent les hurlements des
bandits et le son lugubre des tambours et des tam-tam
battant la guerre. Tous les chrétiens se jetèrent à genoux et s'écrièrent : — Ah ! Père, les voilà qui viennent
nous massacrer... Mon Dieu ! Jésus ! Marie ! Joseph !
Le prêtre leur donna une absolution générale ; puis
il se mit à genoux, se tourna vers son petit autel,
et les yeux levés vers l'image du Sauveur, il attendit
en priant.

Les égorgeurs font irruption dans le jardin de l'église,
en poussant de sauvages clameurs. Les chrétiens se
sauvent de tous côtés ; partout ils sont repoussés, alors
ils se précipitent dans l'église. Les païens vont droit
au presbytère, sans toucher aux chrétiens. Le Père est
toujours à genoux, tourné vers l'autel ; il ne fait aucun
mouvement et son regard reste attaché à l'image

sainte. Deux coups de fusils le font tomber; aussitôt on se précipite sur lui, on lui arrache la barbe; un bandit lui tranche la tête d'un coup de sabre, un autre lui fend la poitrine: l'âme de l'apôtre était déjà devant Dieu.

LE P. MACÉ

(1844-1885)

Esprit alerte, intelligence grande ouverte, inébranlable dans ses idées, pieux d'une piété ardente et raisonnée, le P. Macé était le digne descendant de ces paysans vendéens, généreux jusqu'au sacrifice, parfois francs jusqu'à la rudesse, gens de devoir, qui plaçaient le devoir avant tout, parce que le devoir est l'ordre de Dieu.

I

Il naquit à Bazoges-en-Paillers, le 19 juin 1844, et fit ses études au petit séminaire de Chavagnes. C'est là que Dieu lui montra la destinée à laquelle il l'appelait, et s'il est une chose frappante dans sa vie, c'est assurément la persévérance qu'il déploya pour arriver au but si tôt montré, si lentement atteint.

« Depuis onze ou douze ans, dès le temps où j'étais

13.

à Chavagnes, la voix du Ciel m'appelait à cette noble vocation. Un jour, immédiatement après une communion, je vis intérieurement une lumière indéfinissable, et mon cœur étant alors subitement sollicité par la grâce, je mis la main sur ma poitrine, et mes lèvres prononcèrent ces mots : « Oui, mon Dieu, je serai missionnaire ! » Depuis lors, cher père, jamais je n'ai passé un seul jour sans avoir cette idée fixe, sans faire quelque chose à cette intention. Jusque-là, ma santé avait été un obstacle insurmontable. Tous ceux que j'ai consultés, médecins ou autres, ne croyaient pas que je pusse réussir. Et moi, appuyé sur le secours de Dieu et plein de confiance en l'Immaculée Vierge Marie, je n'ai jamais hésité une minute. Je n'aurais pas désespéré quand j'aurais été seul contre l'univers entier. J'aurais retardé l'exécution de mon projet ; mais y renoncer définitivement, jamais, tant il me paraît sentir qu'en agissant ainsi, je plairais à Dieu et à la Sainte Vierge, qui m'ont à ce qu'il me semble garanti leur concours. Confiance en eux et courage ! voilà quelle a toujours été ma devise. »

C'est en ces termes que M. Macé racontait à son père l'origine de sa vocation apostolique, en lui annonçant son entrée au Séminaire des Missions-Étrangères.

Pendant onze ans, en effet, dans les situations diverses qu'il avait occupées, il n'avait eu qu'un désir : être missionnaire. La volonté de ses supérieurs d'abord, la maladie ensuite l'avaient retenu ; il n'avait eu ni inquiétude, ni tristesse, ni découragement ; le regard au ciel, sans récriminations sur le présent, sans craintes sur l'avenir, il avait vécu dans l'espoir, ou, pour dire mieux et plus vrai, dans la certitude du succès. Il avait étudié sa vocation sous toutes ses faces ; après avoir appris les principes par lesquels on la reconnaît, il les avait appliqués.

« Dans l'examen d'une vocation, écrivait-il dès 1865, il faut réfléchir avec une intention pure et droite, prier beaucoup, s'adresser à la Sainte Vierge, se mettre dans la disposition de faire la volonté de Dieu, quelle qu'elle puisse être, consulter ses inclinations, ses moyens, ses forces, se mettre au point de vue de la gloire de Dieu, de la mort et de l'éternité, enfin avoir recours à un directeur expérimenté et suivre en tout point ses avis. Chaque état a ses avantages et ses peines ; partout on est bien quand on y est en suivant la volonté de Dieu.

« Je veux être missionnaire. C'est là assurément un projet bien grave et qui ne saurait être trop longuement mûri. Ce n'est pas un jeu d'enfant de briser sa vie à son aurore, de rompre les mille liens de la famille et de la patrie, de renoncer à toute joie, à tout bonheur de la terre, de se condamner volontairement jusqu'à la mort à de continuelles privations, à de perpétuelles souffrances. Certes, pour moi, quoique ce soit là mon espérance, mon rêve d'avenir, je ne veux point me lancer dans la carrière sans être bien sûr de ma vocation. »

Il ne se contente pas, d'ailleurs, de sonder son cœur, il cherche dans les circonstances extérieures le signe de la volonté de Dieu ; il ne précipite rien, il est patient parce qu'il est fort, et il est fort parce qu'il est éclairé et guidé par la foi.

Lorsqu'il est nommé professeur de mathématiques et ensuite préfet de discipline au petit séminaire des Sables-d'Olonne, il ne s'en émeut point; il écrit à sa sœur, la confidente de ses joies et de ses peines: « Et comme je me tiens bien assuré que ma nouvelle fonction m'a été confiée par une disposition évidente de la divine Providence, il s'ensuit que je prends le temps comme il vient, sans trop me tracasser de quoi que ce soit. Rien ne donne tant de confiance et de tranquillité que de se savoir là où le bon Dieu veut. Ce n'est pas que j'oublie les Missions-Étrangères, mais je ne les vois que dans un lointain indéterminé pour aujourd'hui, et j'attends avec calme qu'un moment favorable se présente, un peu plus tôt, un peu plus tard. Mes fonctions sont bien difficiles, je le sais, mais j'ai fait l'impossible pour les éviter et maintenant je les remplis de mon mieux. Arrive que pourra. Quant à capituler avec ce que je crois un devoir, je me laisserais couper en quatre plutôt que de céder, et grands et petits, il faut marcher, et lestement. »

« Il faut marcher, et lestement » : il le disait et c'était vrai; on n'a pas perdu aux Sables le souvenir de ce jeune préfet de discipline, dont la main de fer n'était pas toujours revêtue d'un gant de velours. C'est que, comme il le dit lui-même « avec son désir invariable et indomptable du bien pour le bien », il abordait de front l'obstacle avec une vigueur qui peut-être manquait de souplesse; on aurait voulu, dans cette âme d'élite, quelque chose de cette aimable condescendance qui donne à la fermeté d'harmonieux contours.

Le travail allait de pair ; en quelques années, il avait appris cinq langues : l'anglais, l'allemand, l'espagnol, l'italien et le russe. — Je ne sais où je serai envoyé, disait-il, et je me prépare à tout.

Travaux et rêves ne l'empêchaient pas de regarder comment marchait le monde ou plutôt l'Église catholique, « cette sainte, grande et douce Mère, » comme il l'appelle. « La définition de l'Infaillibilité me tient tant au cœur, écrivait-il en 1870, que je garderais volontiers ma laryngite pendant dix ans, si cela était nécessaire pour l'amener.» A cette époque, ses souffrances devinrent plus vives, il n'en fut ni plus inquiet, ni plus alarmé.

Ce calme imperturbable, cette tranquillité et cette joie de l'âme, que M. Macé porte partout, lui-même va nous en dire la source :

« Est-on jamais dans l'isolement ou dans la peine quand on est attaché à Dieu seul? Ne le trouve-t-on pas partout, toujours, aussi aimable et aussi aimant? Les chagrins sont des jouissances quand on les verse dans son cœur et qu'on les supporte par amour pour lui. Rien de si triste que la tristesse. Ça ne mène jamais à rien de bon. Au contraire, une douce joie, une aimable gaieté avec tout le monde, dans tous les états de l'âme, fait un bien immense. Aimons le bon Dieu de notre mieux, et réjouissons-nous de faire en tout sa volonté. » Puis sa confiance en la Vierge Immaculée le soutient, et du fond de son cœur, il lui adresse cette prière: « O Marie! où serais-je sans toi? A chaque pas de ma vie, je te retrouve, ô amie, ô mère, ô doux ange gardien ! Ta main me pousse suavement et fortement vers un but miséricordieux. Si je bronche dans le sentier, tu me soutiens ; si je tombe, tu me relèves ; si je m'égare, tu me ramènes. O douce, ô suave, ô bénigne, ô Marie ! Tu es bonne pour tous, mais à l'égard de tes enfants, tu es un miracle d'amour ! »

Sa résignation vaillante est vraie, elle n'est point un masque dont il se couvre ; il reçoit tous les assauts debout et sans faiblir : *Spes contra spem* semble être sa devise.

« Si je lutte avec plus d'opiniâtreté que jamais, c'est aussi avec moins d'espoir, écrit-il au lendemain d'un jour où les médecins lui déclarent que jamais il ne pourra être missionnaire, et où son directeur confirme cette décision ; il me semble que c'est presque ma vocation et ma vie que j'ai jouées et perdues ce jour-là. Au reste, quoi qu'il arrive, je ne rendrai jamais les armes. Toujours mon but sera devant mes yeux et je ferai pour y arriver tous les efforts imaginables. »

Il fait ces efforts, avec toute l'énergie dont il est capable ; mais la maladie semble vouloir ne point le quitter. En vain consulte-t-il plusieurs médecins ; en vain va-t-il demander, à Lourdes d'abord, aux eaux de Cauterets ensuite, une prompte guérison : le ciel est sourd à ses prières et la terre impuissante. « Le diable me tient à la gorge, et il me tient bien dit-il. En vain j'ai remué ciel et terre, je n'ai pu m'échapper des Sables, et dans l'état actuel de ma santé, c'eût été une imprudence. Je reconnais clairement la volonté de Dieu dans ce qui m'arrive, et sans abandonner d'une semelle mes résolutions premières, j'attends le moment propice marqué dans les conseils de la divine Providence. »

Enfin ce moment arrive, et il écrit à sa sœur bien-aimée, qui semble être la nouvelle Mélanie d'un nouveau Théophane : « Tu l'as déjà compris, chère sœur, il s'agit de mon avenir. Le sort en est désormais jeté irrévocablement : rien au monde ne me fera reculer d'un pas. Les derniers restes du temps que je dois passer ici s'écoulent avec rapidité. Le ciel a enfin parlé, mes vœux sont comblés. Offre dès maintenant, aux sacrés Cœurs de Jésus et de Marie, ce frère chéri qu'ils te demandent, et résigne-toi à leur volonté sainte. Que dis-je ? te résigner ! Ah ! plutôt, réjouis-toi de ce qu'ils ont bien voulu jeter les yeux sur moi pour me faire leur missionnaire et leur apôtre ! C'est une grande gloire pour moi, c'en est une aussi pour toi. La nature souffre, mais la foi élève les yeux vers le ciel. La peine est grande, mais les récompenses du ciel le sont bien davantage. La terre n'est pas la patrie, et ce n'est pas être sage que d'y vouloir fixer son séjour. Le ciel, le ciel ! voilà le lieu de notre réunion, de notre repos. Ici-bas tout passe, tout vieillit, tout meurt. »

II

Au mois de septembre 1874, M. Macé entrait au Séminaire des Missions-Étrangères, et une année plus tard, il partait pour la Cochinchine orientale.

Lorsqu'enfin il touche cette terre si ardemment désirée : « En ce jour, s'écrie-t-il, sur ce sol où je viens m'épuiser et mourir, comme du haut d'un bûcher ou d'une croix, je m'offre à vous, ô mon Dieu! par les douces mains de l'Immaculée Conception,comme votre victime, pour le salut de ces pauvres âmes et pour votre plus grande gloire. Je ne refuse pas de travailler longtemps, mais je suis prêt à mourir. D'avance, je vous consacre mes travaux, mes tristesses, mes souffrances, mes humiliations, mon dévouement, ma vie et mon dernier soupir. Tout à vous par Marie, avec Marie, en Marie maintenant et toujours.

« O Marie ! traitez-moi comme une mère son enfant, mais aussi comme une reine son soldat. »

Après avoir étudié la langue dans une petite chrétienté voisine du collége de Lang-Sông, il fut envoyé dans la province du Phu-Yên, et chargé d'un district qui comptait treize chrétientés. La paroisse de Cay-Gia, où le P. Chatelet a été martyrisé, était de ce nombre.

Le jeune missionnaire se mit à l'œuvre avec ardeur. Quelquefois il s'éloignait de ses chrétiens, afin d'aller visiter un de ses confrères.

« Je reviens de voir mon voisin, écrit-il à sa sœur; j'y vais de temps à autre.

« Je me suis confessé, je lui ai raconté mes travaux, je l'ai consulté sur mes difficultés ; au bout de quarante-huit heures, je lui ai donné une solide poignée de main et une cordiale embrassade, puis en selle, au revoir et à bientôt. J'étais heureux. »

La vie du missionnaire est rude, ses travaux pénibles, ses combats difficiles, aussi est-ce une joie véri-

table et singulièrement douce d'avoir près de lui un
frère à qui il puisse ouvrir son âme, confier ses peines,
ses soucis et ses craintes.

Les sociétés religieuses qui se consacrent à l'apostolat
ne l'ignorent pas; la Société des Missions-Étrangères en
particulier le sait bien; une existence de deux cent
vingt-cinq ans ne lui a-t-elle pas donné l'expérience de
toutes les difficultés et de tous les besoins de la vie apostolique? C'est pourquoi son règlement enjoint aux
évêques « de distribuer les missionnaires de telle sorte
qu'il n'en résulte pas pour eux un trop grand isolement. » Cet isolement n'est donc jamais absolu, sauf
aux jours trop fréquents, hélas! de la persécution.

Mais les actes des martyrs et les lettres des confesseurs
de la foi disent assez haut combien puissante est alors
la grâce et combien avantageusement elle remplace la
parole d'un ami et la bénédiction d'un prêtre.

Du reste, le règlement va plus loin encore : il recom-
mande de mettre deux missionnaires ensemble, ou tout
au moins un missionnaire avec un prêtre indigène ;
aujourd'hui que le nombre des missionnaires a augmenté, c'est ce qui se pratique partout, excepté peut-être
dans quelques missions où la trop grande dispersion
des chrétiens ne permet pas de le faire.

Placer deux prêtres ensemble en effet et par là même
réduire de moitié le nombre des centres d'action, ce
serait, en certains cas, empêcher une grande partie
des chrétiens disséminés sur une étendue de 50,000,
60,000 ou 80,000 kilomètres carrés, d'assister régulièrement au saint sacrifice ou de fréquenter assidû-

ment les sacrements ; ce serait restreindre le nombre des visites qui sont faites dans chaque district, laisser bien des difficultés en suspens, bien des conversions inachevées ; ce serait en un mot affaiblir la vie chrétienne sur un grand nombre de points sans la fortifier sur d'autres.

Pour obvier à ces inconvénients, on met un seul prêtre dans chaque poste ; mais, en même temps, afin de lui donner le moyen de conserver une ferveur si nécessaire, le règlement statue qu'il se confessera tous les quinze jours et que, dans les cas fort rares et exceptionnellement difficiles, il ne passera pas un mois sans accomplir ce devoir.

III

Après cinq mois de travaux, le P. Macé tomba sur la brèche à l'administration de la dixième chrétienté.

« On dit que j'ai été trop vite, écrivait-il, et que j'en ai trop fait à la fois. Je n'ai qu'un regret, celui de n'en avoir pas fait davantage, et si jamais il m'est donné de reparaître en champ clos, je tâcherai bien de compenser les trop longs mois de repos qui m'ont été imposés. »

Sur l'ordre de son évêque, le jeune missionnaire avait dû en effet aller au Sanatorium, établi par la Société des Missions-Étrangères à Hong-Kong.

En 1843, Hong-Kong n'était qu'une île déserte. A la suite de leur première guerre contre la Chine, les Anglais s'en emparèrent ; une ville s'y bâtit aussitôt : comptoirs de commerce, maisons de banque, églises, palais s'élevèrent rapidement ; les collines et les rochers, jusqu'alors arides et nus, se couvrirent bientôt de taillis, de jardins, de vergers entourant de gracieuses villas ; le port, naguère véritable nid de pirates, devint le rendez-vous de tous les navires du monde.

La Société des Missions-Étrangères ne tarda pas à transporter à Hong-Kong la procure qu'elle avait à Macao ; plus tard, elle y fonda un Sanatorium pour les missionnaires malades. C'est dans cette maison, entouré des soins éclairés d'un supérieur dont le dévouement veille sans cesse, que le P. Macé passa près d'une année.

Lorsqu'il retourna dans sa mission, il fut nommé professeur de rhétorique et économe au collége de Nuoc-Nhi.

Les professeurs de ce collége étaient aussi chargés du soin de deux paroisses voisines et de la surveillance d'un orphelinat. Le P. Macé travailla de tout cœur et, en 1879, il baptisa 53 adultes et 340 enfants de païens ; en même temps, il traduisit en annamite un certain nombre de livres classiques. « Comme il est difficile, dit-il, de faire un bon corrigé de Cicéron en langue annamite, la langue la moins cicéronienne qui soit au monde ! Cependant, avec la grâce du bon Dieu, on fera quelque chose sur la rhétorique, la géographie, l'histoire, etc. »

En 1880, il contracta la petite vérole au chevet d'un malade ; il crut qu'il allait mourir. La Providence le sauva, elle le réservait pour un trépas plus glorieux. « J'ai pensé que j'en mourrais, écrivait-il plus tard à sa sœur, Dieu en a décidé autrement, qu'il soit béni ! Vivre et mourir, cela m'est bien à peu près égal. Mon sacrifice est fait depuis longtemps, et d'ailleurs ma peau n'est pas chère. Tout seul, à quatre mille lieues de ma famille, comme je pensais à vous tous et à chacun de vous, parents et amis ! Quand je me suis senti pris, je me suis traîné auprès de ma table pour vous écrire un dernier mot d'adieu, une promesse d'éternel souvenir. Je me suis souvenu de ces derniers mots de ma mère expirante : « Il n'est pas si difficile de mourir. » Maintenant, me voilà ressuscité. Mais je suis heureux d'avoir souffert : la souffrance, jointe à l'amour, est la monnaie avec laquelle on achète le ciel. »

Lorsque les hostilités commencent et que la haine annamite semble vouloir se donner libre carrière, le P. Macé, récemment nommé Supérieur du séminaire de Nuoc-Nhi, songe immédiatement au martyre. « S'il y avait par là, dit-il, quelque vieille lame pour me couper le cou, je crois que je retrousserais mes manches pour aider à l'aiguiser. »

Lorsque sa famille et ses amis s'effraient des dangers qu'il court, il leur envoie cette réponse : « Mais ne vous inquiétez donc pas : je suis venu ici précisément pour avoir une chance de plus qu'en France d'être assommé pour le bon Dieu. » Et quand vient la dernière heure, quand il voit au loin la lueur des torches incendiaires, qu'il entend les hurlements des assassins, il ne pâlit ni ne tremble. Fort dans la mort comme il l'avait été dans la vie, il écrit d'une main assurée ses derniers adieux à sa famille bien aimée :

« Depuis quelques jours, tout est à feu et à sang dans la province voisine, une multitude de chrétiens et peut-être plusieurs Pères massacrés, tout pillé et brûlé. Cela se passe à une journée et demie d'ici. Il pourrait bien se faire que les Français ne pussent pas comprimer la révolte à temps, et que nous ayons des malheurs jusqu'ici, sinon plus loin. La position est donc fort grave et je ne sais ce que le bon Dieu nous réserve. Moi, comme les autres, nous sommes dans sa main ; que sa volonté soit faite!

« J'ai toujours désiré être mis à mort pour lui, et c'est pour avoir une chance de ce genre que je suis venu en Annam ; donc, si cela arrive, mon dernier vœu sera rempli.

« C'est, de toutes les grâces que j'aie jamais demandées à la Sainte Vierge, la seule qu'elle ne m'ait pas accordée : donc mille actions de grâces si cela arrive.

« Avant de mourir, mon cœur s'envole vers vous pour vous dire qu'il vous a toujours aimés et vous aimera toujours.

« J'espère que le bon Dieu, ayant égard à son infinie miséricorde, et la Sainte Vierge, que j'ai toujours aimée, voudront bien m'admettre dans leur saint paradis. C'est là que je vous donne rendez-vous. Que personne ne manque à l'appel ; vous savez le chemin qui y mène, suivez-le toujours, ou revenez-y bien vite pour ne plus l'abandonner. De là-haut, je prierai pour vous tous et pour chacun.

« Allons! du courage! et ne vous désolez pas. Je suis tranquille au fond du cœur et je me jette corps et âme dans les bras de Jésus et de Marie, qui feront de moi ce qu'ils voudront.

« Adieu tous, parents et amis. Je prie chacun de me pardonner mes manquements respectifs, comme je pardonne cordialement à tous ceux qui auraient pu me faire de la peine.

« Adieu ! cher père, Jean-Baptiste, Marie, Joséphine ! Adieu !

« Votre toujours aimant,

« Henri MACÉ,
« Prêtre, missionnaire apostolique. »

« *P.-S.* — Mon Dieu, puisse ma mort assurer le salut de chacun de ceux que j'ai là-bas, et profiter aux chrétiens, aux païens de cette chère mission en particulier. Père, frère, sœurs, nièces, neveux, adieu ! Je vous envoie mon dernier baiser sur cette croix. »

IV.

Le P. Hamon nous a transmis quelques détails sur les derniers moments de notre confrère et sur la ruine du séminaire et de la paroisse de Nuoc-Nhi ; nous les résumons ici.

Après avoir reçu de Mgr Van Camelbeke l'ordre de se réfugier à Qui-Nhon avec tous ses chrétiens, le P. Macé disposa tout pour fuir. Il fit partir les fidèles par petites bandes, afin de tromper plus facilement les païens. Mais à peine le départ fut-il commencé, que les païens s'en aperçurent et cernèrent aussitôt la chrétienté et le séminaire. Le P. Macé appela aussitôt les chefs du village et leur annonça qu'il partirait vers

quatre heures du matin et que si les païens tentaient
de s'y opposer, il s'ouvrirait un passage les armes à la
main : enfin il les rendit responsables de tout dégât qui
serait fait au séminaire. Les chefs du village protes-
tèrent de leurs intentions pacifiques et se retirèrent. Pendant la nuit, un ancien chef de canton envoya des émis-
saires soulever les païens, et les réunir afin d'entourer
le séminaire et de pouvoir combattre avec succès dans
le cas où les chrétiens résisteraient. Pendant cette guerre,
en effet, chose bien rare dans l'histoire du christianisme,
les fidèles ont essayé de repousser la force par la force.
Que l'on ne voie pas d'opposition entre la conduite des
chrétiens d'aujourd'hui et celle des chrétiens d'autrefois
qui loin de résister aux bourreaux acceptaient joyeusement de verser leur sang pour Jésus-Christ. La contradiction n'est qu'apparente et provient uniquement de la
différence complète des deux situations. Les chrétiens
sont animés des mêmes sentiments que les martyrs; mais
ceux qui les attaquent ne sont pas les représentants
d'une autorité légitime; ils ne viennent pas par l'ordre
d'un gouvernement établi; en vertu d'une loi ou d'un
décret; ce sont des hordes de rebelles, sans mandat
régulier, qui ne cherchent que le pillage et le meurtre.
S'il en avait été autrement, respectueux de César, les
chrétiens se seraient mis à genoux et, sans autres armes
que la prière et la patience, ils seraient morts comme
étaient morts leurs pères, comme savent mourir les fils
de l'Église catholique.

« Le rassemblement des païens, continue le P. Hamon,
se fit dans un si grand silence, qu'au séminaire on ne

s'en aperçut pas. Comme les chrétiens, après avoir assisté à la messe et avoir communié en grand nombre, se disposaient à partir, ils virent tout à coup le feu qui s'allumait à la toiture d'un des bâtiments, et aussitôt une immense clameur retentit autour de l'enceinte de bambou. Le Père répondit par un coup de canon, et, avec ses quatre ou cinq fusils et son petit canon, il put contenir les attaques de milliers d'ennemis, depuis, nous dit-on, quatre heures du matin jusqu'à une heure de l'après-midi. Alors, à bout de munitions, voyant ses chrétiens affolés se sauver de tous côtés, le P. Macé se réfugia dans la chapelle pendant que les ennemis pénétraient au couvent des religieuses et massacraient les cinq cents personnes qui s'y étaient réfugiées. Pendant quelques minutes, le Père reste agenouillé au pied de l'autel, faisant à Dieu le sacrifice de sa vie, lorsque soudain, il entend les égorgeurs qui amoncèlent autour des murs de la chapelle fascines, paille, bois et broussailles : peines inutiles, les murs en terre ne donnent aucune prise à la flamme ; mais la fumée pénétrant par d'énormes crevasses menaçait d'asphyxier le P. Macé et son servant ; le missionnaire ordonne alors à l'enfant d'essayer de fuir : pour lui, il continue de prier.

« Un chrétien avait, dès le commencement, grimpé dans un cocotier un peu retiré du théâtre des massacres et des incendies et s'était blotti dans le feuillage. Ce cocotier échappa à la hache des vandales, qui coupèrent tous les arbres et dévastèrent le jardin et les belles plantations du P. Macé, riches en essences de toutes espèces et de |tous pays. C'est du haut de son observatoire oublié, que ce chrétien assista à toutes les scènes d'horreur dont le séminaire et le couvent furent le théâtre; il fut témoin de la mort du missionnaire.

« Soit que le Père n'ait pu résister à son affreux supplice volontaire, soit, je crois plutôt, d'après sa grande délicatesse de conscience, que n'ayant rien entendu d'extraordinaire dans l'évasion de son servant et en concluant qu'il avait pu se sauver, il jugea de son devoir de tenter la fuite, il franchit une fenêtre. Mais il avait été vu. Un des égorgeurs l'atteignit bientôt, et d'un coup de serpe, emmanchée d'un long bambou, il le frappa sur une épaule et l'abattit. L'ex-chef de canton accourait aussi; il cria de loin au bourreau : — Coupe-lui la tête! coupe-lui la tête! Et c'est ainsi que le cher P. Henri Macé, après avoir subi le supplice du feu, répandit aussi son sang pour la gloire de Dieu et le salut de ses frères, ayant refusé de se sauver avant que le dernier des chrétiens fût parti, ainsi qu'il m'avait affirmé qu'il le ferait. C'était le dimanche 2 août, en la fête de saint Alphonse-Marie de Liguori, probablement entre deux et quatre heures du soir. »

Il est des hommes dont la mort ressemble singulièrement à la vie; le P. Macé est de ceux-là. Il meurt comme il a vécu, debout, à son poste et sur un champ de bataille; il obtient ce qu'il a si longtemps et si ardemment demandé, ce qu'il a entrevu au milieu de ses jeux d'enfant et de ses rêves de jeune homme; la mort sanglante pour Jésus-Christ ; Marie le traite « comme une mère son enfant, comme une reine son soldat. »

LE P. GARIN

MISSIONNAIRE APOSTOLIQUE DE LA COCHINCHINE ORIENTALE

(1854-1885)

Sept années de travaux incessants, douze cents baptêmes de païens adultes, près de dix mille baptêmes d'enfants, une mort héroïque : telle fut, la carrière apostolique du missionnaire que la Société des Missions-Étrangères a l'honneur d'enregistrer au nombre de ses martyrs.

I

« André-Marie Garin, fils de Claude Garin et de Claudine Voutiers, est né à Chevron, diocèse de Tarentaise, le 25 mai 1854. Il était âgé de neuf ans lorsqu'il perdit son père et sa mère.

« Ses débuts au petit séminaire de Moutiers ne furent pas heureux, soit à cause de sa grande jeunesse, soit à cause de son caractère peu flexible au joug de la règle, et, par suite d'une insouciance naturelle qui le rendait aussi indifférent aux punitions qu'aux récompenses. — Je changerai plus tard, répondait-il à toutes les remontrances. C'était un bois dur, difficile à façonner, mais apte à des œuvres solides et durables. »

C'est en ces termes que le vénérable oncle de notre martyr nous trace le tableau de la première partie d'une vie où nous verrons briller les plus beaux exemples d'humilité, de foi et de dévouement.

Le changement si souvent demandé et si souvent promis apparut enfin. « Envoyé au petit séminaire de Saint-Pierre d'Albigny, et arrivé en classe de troisième, André travailla sérieusement à cultiver les vertus solides, et son application à l'étude ne se démentit plus. Le départ de quelques-uns de ses condisciples pour les missions lointaines lui inspira dès lors le désir de les suivre plus tard dans cette carrière de dévouement généreux. Ce désir ne fit qu'augmenter pendant le cours des classes supérieures.

« Rentré au petit séminaire de Moutiers en 1863 pour faire son cours de philosophie, il étonna ses anciens condisciples par le changement total opéré dans ses allures et ses inclinations. Il était devenu studieux, dévoué, aimant à rendre service, plein de courage et de générosité dans les sacrifices. »

Ses supérieurs ne tardèrent pas à voir en lui les marques non équivoques d'une vocation apostolique. Une de ses tantes voulut un jour le détourner de son projet, en lui exposant les dangers qu'il aurait à courir dans les missions. — Qu'importe ! répondit-il, moi je veux imiter saint André, mon patron.

Au mois d'août 1874, André Garin entrait au Séminaire des Missions-Étrangères. Ceux qui l'y ont connu se souviendront toujours de son ardeur à l'étude et de l'aimable douceur que de persévérants efforts lui avaient fait acquérir. — Je désire être doux comme saint François de Sales, disait-il parfois.

Il fut ordonné sous-diacre au mois de février 1877, et, quelques jours plus tard, tout rempli de la ferveur de l'ordination, il écrivait : « Voici plus d'un mois que j'ai fait à Dieu l'offrande de tout moi-même ; il ne s'agit plus maintenant que de ne pas reprendre ce que j'ai donné. Oh ! si le bon Maître me conserve toujours dans les dispositions qui m'animent, il est certain que je lui serai fidèle. Mais puis-je répondre du succès, à la vue de ma faiblesse ? J'ai grande confiance en Celui qui m'a pris dans la boue pour me placer *cum principibus populi sui*. Et puis le saint office est là qui me console abondamment : il y a de si belles choses dans ces prières que l'Église impose à ceux qui se sont mis pour jamais au service de notre unique Maître... Dans un an, si le bon Dieu en dispose ainsi, je serai prêtre et aussi missionnaire. » Il fut en effet ordonné prêtre l'année suivante, le 16 mars 1878, et destiné à la Cochinchine orientale.

II

La mission de Cochinchine orientale est située dans cette partie de l'Indo-Chine qu'on nomme aujourd'hui l'Annam. C'est une longue et étroite bande de terre tantôt montagneuse et boisée, tantôt couverte de dunes de sable, presque partout coupée d'une multitude de petites rivières conduisant à la mer des flots ignorés.

Elle comprend six provinces : Quang-Nam, Quang-Ngai, Binh-Dinh, Phu-Yen, Khanh-Hoa, Binh-Thuân, et elle renferme environ trois millions cinq cent mille habitants, sur lesquels on comptait, avant les derniers massacres, quarante et un mille deux cent trente-quatre chrétiens. Ce pays est habité par la race annamite. L'Annamite n'est pas dépourvu de qualités, mais il a aussi de nombreux défauts. Il est reconnaissant envers ses bienfaiteurs, généreux jusqu'à la prodigalité, doué d'un esprit vif, d'une mémoire heureuse, d'un savoir-faire fort remarquable lorsqu'il s'agit de se tirer d'un mauvais pas ; mais il est trop souvent inconstant, léger, dissimulé, et, en certaines circonstances, cruel jusqu'à la férocité.

Sa frugalité est extrême : un peu de riz, quelques poissons secs, du thé ou plus ordinairement de l'eau, suffisent pour sa nourriture.

Voici en quelques mots le tableau des différentes religions qui se partagent le royaume annamite :

Au premier rang est le culte du ciel, dont le roi est le seul adorateur ; ensuite le culte de Confucius, dont les principaux partisans, les lettrés, n'adorent pas Confucius comme un dieu, mais seulement le révèrent comme un saint ; c'est le nom qu'ils lui donnent. Il existe des temples élevés en l'honneur de ce philosophe. Dans les écoles, ainsi que dans les salles d'examen, on attache une tablette de Confucius, que parfois on salue et devant laquelle on brûle de l'encens. Enfin, à certaines époques de l'année, déterminées par la coutume ou par l'ordre du roi, ses fidèles font des sacrifices en son honneur.

Un culte beaucoup plus général, et qui existait déjà dans les âges les plus reculés, est celui des esprits tuté-laires : c'est le culte pratiqué par les villages ; il con-siste à se réunir, le 1er et le 15 de chaque mois, dans la pagode du village, pour y faire un festin, et offrir à l'esprit protecteur une partie des mets que l'on dépose devant la tablette où est écrit son nom.

Le culte des ancêtres, professé par les Annamites, consiste à honorer les ancêtres défunts, par des offran-des et des prostrations, aux funérailles et à certains jours anniversaires. Ce culte n'est guère qu'un souvenir de piété filiale entaché de superstitions et est observé dans l'intérieur des familles.

Le bouddhisme compte un petit nombre d'adeptes. Tels sont les différents cultes professés par les Anna-mites. Il reste à chercher quelles sont leurs idées reli-gieuses.

Parmi les différents cultes que nous venons d'énon-cer, le culte du ciel s'adresse au ciel matériel ; le culte de Confucius est purement cérémoniel ; le bouddhisme et le culte des esprits ne conduisent pas leurs secta-teurs à l'idée d'un Être suprême, créateur de toutes choses. On peut donc conclure que les Annamites n'adressent directement à un Être suprême, considéré comme tel, aucun hommage d'adoration et de respect. Mais il est facile de susciter en eux l'idée explicite de

Dieu, et dès que cette idée vivifiante s'est fait jour dans leur intelligence, la logique des dogmes chrétiens triomphe de leurs superstitions : le culte des bons anges et des saints se substitue à celui des esprits ; le culte des ancêtres fait place aux prières pour les morts et aux cérémonies de l'Église pour les défunts. En un mot, le christianisme, sans être obligé de tout renverser de fond en comble pour élever un édifice entièrement nouveau, n'a besoin que de compléter et d'épurer les croyances de ce peuple. D'autre part, les Annamites aiment les fêtes et les pompes extérieures, et, sous ce rapport, les cérémonies catholiques les attirent et les ravissent. Du côté des mœurs, les obstacles sont loin d'être insurmontables. La polygamie est fort peu en usage : on la rencontre seulement dans la classe riche ; or, la grande majorité de la population est pauvre et mène une vie sobre et frugale. Mais auprès de ces dispositions qui peuvent faciliter la diffusion de l'Évangile, il en est d'autres qui l'arrêtent. De nombreuses difficultés sont suscitées aux nouveaux convertis par les mandarins et par les chefs de village.

Les mandarins, parce qu'ils ne trouvent plus dans les chrétiens cette souplesse, cette facilité de concessions que la conscience ne permet pas et que, grâce au christianisme, leurs administrés catholiques comprennent ce qu'est la justice, le droit, la loi ; les chefs de village, parce que les chrétiens ne peuvent plus subvenir aux festins donnés en l'honneur des génies protecteurs, travailler aux pagodes et prendre part aux cérémonies païennes,

Malgré ces obstacles, les conversions sont relativement faciles à obtenir. Des frontières du Cambodge à celles de Chine, on compte six cent mille catholiques que les plus sanglantes persécutions ont toujours trouvés inébranlables, prêts à mourir plutôt qu'à renier leur foi.

Tel était le peuple que le P. Garin allait évangéliser.

III

A peine était-il arrivé en mission que la maladie le visita. Il ne s'en effraya pas. « Je ne suis pas venu ici pour vivre longtemps, écrivait-il, mais pour travailler à l'œuvre de Dieu et y mourir quand il le voudra. »

Il devait, avant d'arriver à ce moment suprême, avoir la consolation d'étendre le royaume de Jésus-Christ.

Après quelques mois de séjour à Lang-Sông, résidence du Vicaire Apostolique de la Cochinchine orientale, le P. Garin fut envoyé dans la province du Quang-Ngai, située dans la partie septentrionale de la mission.

Cette province est partagée en deux parties par la route mandarinale qui court du sud au nord. La partie occidentale s'étend jusqu'aux frontières du pays des sauvages ; elle était habitée par de nombreux néophytes et possédait environ une vingtaine de chrétientés ; la partie orientale, qui va jusqu'à la mer, ne renfermait presque que des païens. Le district tout entier comptait environ cinq mille fidèles dispersés sur une étendue de six cent vingt-cinq kilomètres carrés,

Pour l'aider dans sa tâche, le missionnaire avait deux prêtres indigènes et quelques catéchistes.

Les débuts furent difficiles. La famine ravageait alors le pays, portant partout la désolation et la mort. A la famine se joignit la plus forte inondation qu'on eût vue depuis cinquante ans. Riches et pauvres furent réduits à la dernière extrémité. Le gouvernement annamite essaya de secourir les malheureux, mais au bout de quelques jours les fonds manquèrent.

Le P. Garin ne perdait pas courage. « Mes maux, écrivait-il, mes tristesses ne sont rien ; je n'ai que ce que mon cœur a toujours désiré. » — Et plus loin, il ajoutait : « Je donnerais volontiers mon sang pour l'amour de mes pauvres enfants, afin d'obtenir la cessation du fléau ; volontiers, aussi, j'irais mendier de porte en porte, afin de leur trouver quelque secours. Mais mon devoir me retient près d'eux pour les aider à bien souffrir et à bien mourir. »

D'ailleurs, au milieu de toutes ces misères, le missionnaire avait une consolation, la seule qu'il demandait : il pouvait faire avec plus de succès l'œuvre de Dieu. « Au moment où j'arrivai au Quang-Ngai, lisons-nous dans une de ses lettres, je n'avais que cinquante orphelins à nourrir ; aujourd'hui j'en ai trois cents, et si j'osais en aller chercher, j'en aurais certainement de sept à huit cents. Mais le riz manque pour ceux que j'ai déjà reçus, et chaque jour je compte par vingt et trente ceux que l'on abandonne aux portes de l'orphelinat. » Dans cette seule année, le P. Garin baptisa plus de quatre mille enfants de païens à l'article de la mort.

Les angoisses et les travaux des débuts de son apostolat ne lui permirent point de s'occuper, selon ses désirs, de la conversion des infidèles.

Ce fut en 1880 seulement qu'il tenta de fonder un poste dans la partie de son district, restée jusque-là inabordable aux missionnaires, faute d'un pied-à-terre, et aussi faute de relations entre les chrétiens et les païens.

Ce n'est pas chose facile de fonder une chrétienté nouvelle; à ne parler que des qualités de l'ouvrier, le zèle ne suffit pas; il faut la douceur pour ne froisser aucun orgueil, la patience pour ne décourager aucune lenteur, la fermeté pour imposer à des esprits fermés une attention soutenue, l'adresse pour s'insinuer dans des cœurs rebelles, l'initiative persévérante pour chercher et employer les moyens de réussir.

Le P. Garin choisit le village de Van-Bân, à sept heures de marche de sa résidence ordinaire, afin d'y établir une première station.

Van-Bân est un gros village situé dans une position très favorable pour être un centre d'action, et d'où l'on peut diriger l'œuvre de la prédication de l'Évangile, soit au nord à une distance d'un jour de marche, soit au sud sur un parcours d'une demi-journée. Au milieu d'une vaste plaine fertile s'élève une colline boisée au bas de laquelle se trouvent les maisons des habitants. Du sommet de cette colline, on aperçoit à l'est la mer; au sud, les hautes montagnes de Ben-Da, qui servent de limites aux deux provinces du Quang-Ngai et du Binh-Dinh; à l'ouest, de vastes rizières, et, dans le lointain, les montagnes habitées par les Moïs (sauvages);

au nord, une autre colline boisée, puis le port appelé par les Annamites Cua-Dai (grand port).

Le P. Garin se rendit à Van-Bân dans le courant du mois de mars : une curiosité importune, mais bienveillante, l'accueillit ; les Annamites de cette contrée n'avaient jamais vu d'Européen. Pendant la journée et la nuit suivante, plusieurs centaines de personnes entourèrent le missionnaire, admirant la blancheur de son teint, sa haute taille, sa longue barbe, s'étonnant de l'entendre parler leur langue : — Comment se fait-il qu'en France on parle l'annamite, disaient-ils, tandis que les Chinois ne le peuvent pas, eux si voisins de l'Annam. Le matin, une foule énorme remplissait encore la maison. « Mes hommes étaient impuissants à la chasser, dit le P. Garin, je dus me mettre en frais d'éloquence, ce fut à peu près inutile. A bout d'expédients, je dis à mes chrétiens de me suivre, et je traversai la population en écartant avec les coudes tous les obstacles qui se présentaient : ce ne fut que par ce procédé peu parlementaire, je l'avoue, que je pus sortir de ma prison. »

Deux mois plus tard, le 1er juin, un catéchiste se rendait à Van-Bân afin d'y instruire vingt-deux catéchumènes. Sur ces vingt-deux catéchumènes, trois moururent pendant le temps de l'instruction : un jeune enfant de huit à neuf ans, un riche propriétaire atteint d'une maladie de poitrine et une pauvre femme infirme depuis de longues années. Quelques minutes avant sa mort, cette femme recueillit ses dernières forces, elle appela ses enfants : — Que celui d'entre vous, qui aime sa mère et qui veut la revoir, leur dit-elle, se souvienne

que sans le baptême il n'y a pas de salut possible ; celui
qui voudra me revoir doit se convertir à la religion.
Telles furent les prémices de la chrétienté de Van-Bân.

Au commencement de l'année suivante, le P. Garin
écrivait :

« J'ai baptisé cent neuf adultes à Van-Bân, et les
conversions ne cessent pas d'être nombreuses. »

IV

Le district tout entier semblait prendre une vie
nouvelle sous l'influence du zèle ardent de son missionnaire. Le P. Garin baptisait deux cent soixante-cinq
adultes et trois mille enfants en 1880 ; deux cent quatre-
vingt-seize adultes et deux mille sept cents enfants en
1881. Il multipliait les stations, dont le nombre, en 1882,
s'élevait à quarante ; il faisait bâtir ou restaurer plusieurs
églises et fondait un hôpital à Phu-Hoa ; il établissait
deux fermes « qui, par leur position très bien choisie
et par l'étendue du terrain qu'elles occupaient, fournis-
saient les moyens d'exercer au travail manuel les orphelins de la paroisse et étaient une précieuse ressource
pour établir les nouveaux chrétiens. »

A deux reprises, l'évêque divisa son immense
district, il lui laissa les paroisses du nord, qui com-
prenaient deux mille huit cents à trois mille chrétiens. Le travail ne laissait pas d'être encore considérable.

« Malgré tous mes efforts, écrivait le P. Garin, la besogne
me dépasse et je n'arrive pas à la faire tout entière. Je
suis presque toujours en tournée d'administration : du

commencement à la fin, mon année se passe au saint tribunal : confesser, c'est toute ma vie en mission. Puissé-je ne pas perdre les occasions de mériter un peu pour le ciel et faire toujours que le règne de Dieu s'étende sur les âmes qui me sont confiées ! »

Le P. Garin se trompait : confesser pouvait être son travail principal, ce n'était pas toute sa vie. Les œuvres qu'il avait fondées demandaient pour prospérer une vigilance soutenue ; les païens qui se convertissaient avaient un besoin pressant d'instruction. Le missionnaire ne manquait à aucun de ses devoirs, et partout la Providence comblait ses désirs et réalisait ses espérances.

« La gerbe de 1884, écrivait-il à son oncle, ne sera pas trop pauvre, malgré les bruits de persécution, qui ont arrêté nombre de païens. Les baptêmes d'adultes atteignent le chiffre d'environ trois cents. Je crois que l'année prochaine sera plus féconde encore en fruits de salut pour les âmes ; je veux de tout mon cœur étendre le règne de Dieu en ce pays d'Annam ; je consacrerai à cette œuvre toutes mes forces pendant l'année 1885, et j'espère en Dieu pour les résultats. »

Malgré cette confiance qu'il semblait montrer en l'avenir, le P. Garin avait, dès le commencement des hostilités, envisagé les événements sous leur véritable aspect. Il écrivait : « Nous sommes sur un volcan que la présence de la France empêche d'éclater. Jusqu'à quand cette présence suffira-t-elle ? C'est le secret de Dieu, en qui nous devons nous confier. D'ailleurs, la mort d'un homme n'est pas la mort de la religion. Des catacombes et des prisons, la religion est sortie

victorieuse, comme victorieux aussi notre divin Sauveur
est sorti du sépulcre. »

Hélas ! on peut se demander maintenant si la Cochinchine orientale goûtera jamais ces jours de triomphe
que l'inébranlable foi du missionnaire croyait voir se
lever au lendemain de la persécution.

Dans le mois d'avril, le P. Poirier fut maltraité par les
notables du village de Van-Bàn. A peine le P. Garin l'eût-
il su, qu'il prit avec lui le P. Guégan et se rendit chez le
gouverneur de la province : « Là, dit-il, je réclamai une
escorte qui nous protégerait et nous conduirait jusqu'à
notre confrère, ou telle autre mesure que le gouverneur
jugerait suffisante. » — Celui-ci promit tout et ne fit
rien. Le lendemain, à midi, les deux missionnaires partaient pour Van-Bàn ; mais ce ne fut qu'au milieu de la
nuit, et à la faveur d'un déguisement que le P. Garin put
pénétrer près du P. Poirier, lui donner des soins, le
confesser, et, quelques minutes plus tard, lui apporter
la sainte communion. « Dès le grand matin, continue-
t-il, j'envoyai des chrétiens près du mandarin pour lui
demander la mise en liberté de mon confrère et réclamer
l'arrestation de vingt-huit chefs de la révolte, car c'en
était une. Le mandarin s'exécuta sans trop se faire
prier. Le lendemain, je pus partir et conduire le cher
confesseur de la foi dans une chrétienté plus populeuse.
C'était le 24 mai 1885, fête de la Pentecôte. » En ce
même jour, sept ans auparavant, le P. Garin avait été
reçu à son arrivée en Annam par le P. Poirier, résidant
à Qui-Nhon.

Le 29 juin, le P. Garin écrivait ces lignes, les dernières

que nous ayons reçues de lui : « L'orage menace toujours, mais le bon Dieu nous garde. Les Français viennent de s'emparer de Hué, mais la surexcitation n'en est que plus grande. Malgré tout, confiance en Dieu ! »

Un mois à peine s'était écoulé, et le généreux apôtre donnait son sang pour Jésus-Christ dans cette même province du Quang-Ngai qu'il avait évangélisée avec tant de zèle et de succès.

Voici les seuls détails que nous ayons sur sa mort glorieuse. Nous les empruntons à une lettre de M. Dépierre, missionnaire de la Cochinchine occidentale, qui les a recueillis de la bouche des chrétiens réfugiés à Saïgon.

« Aussitôt après la prise de la citadelle de Hué par le général de Courcy, la province du Quang-Ngai se souleva la première. Deux missionnaires, les PP. Poirier et Guégan, avec un grand nombre de chrétiens, furent d'abord massacrés par les lettrés. Le P. Garin, sur les instances de ses chrétiens, s'était retiré du côté des montagnes, pensant qu'on épargnerait son district. Mais c'était une guerre d'extermination qu'on voulait faire. Le grand mandarin de la province fit dire au P. Garin qu'il n'avait plus rien à craindre, qu'il pouvait rentrer à sa résidence, lui, grand mandarin, répondant de la paix. D'ailleurs les lettrés et tous les ennemis des chrétiens et des Français s'étaient éloignés. Le Père, trop confiant, rentra chez lui ; il fut aussitôt cerné et tomba entre les mains de ses bourreaux. Après lui avoir fait subir toutes sortes d'injures et d'avanies, on le condamna au supplice des cent plaies. Il fut solidement attaché à un poteau, et, à chaque instant de la journée, on venait, armé de crocs et de tenailles, lui arracher des lambeaux de chair palpitante. Rien ne manquait à ce nouveau prétoire : même rage dans les bourreaux, même résignation dans la victime. C'est à la fin du troisième jour de ce supplice atroce que l'âme du martyr s'envola vers les cieux. »

Le P. Garin avait tenu parole. Il avait imité son grand et saint patron, et comme l'apôtre de l'Achaïe, le missionnaire de la Cochinchine orientale dut s'écrier : *O bona Crux diu desiderata !*

LE P. GUÉGAN

MISSIONNAIRE APOSTOLIQUE DE LA COCHINCHINE ORIENTALE

(1849-1885)

I

Louis-Marie-Charles Guégan naquit le 26 mai 1849, en la commune de Saint-Véran (Finistère), au château de Langourla, où son père exerçait l'emploi de régisseur ; par sa mère, née Louise-Marie Le Guennec, il était petit-neveu d'un des chefs les plus célèbres de la chouannerie, Georges Cadoudal.

Les premières années de son enfance s'écoulèrent sous la direction pieuse, intelligente et ferme de sa sainte mère, et l'on se souvient encore à Saint-Véran « de ce charmant enfant aux longs cheveux blonds, aux grands yeux bleus, au regard pur et limpide, dont l'air modeste et réservé, la physionomie pleine de candeur et d'innocence frappaient et édifiaient tout le monde. »

Après la mort de son père, il vint avec sa mère, son frère et sa sœur habiter le petit hameau de Kerléano, en la paroisse de Brech, près Auray, au diocèse de Vannes ; quelque temps après, il fut confié aux soins de son oncle paternel, M. l'abbé Guégan, alors recteur de Saint-Pierre-Quiberon, mort curé de Plouay, qui lui fit commencer ses études. En 1862, il entra au petit-séminaire de Sainte-Anne d'Auray.

« Pendant les huit années qu'il passa sous la direction habile et dévouée de ses maîtres, nous dit M. l'abbé Jobet, un de ses amis les plus intimes, je ne crois pas qu'il ait jamais mérité un blâme sérieux. Je ne prétends pas qu'il fût un élève absolument parfait, à l'abri de toute réprimande ; d'une nature ardente, il épanchait quelquefois ce trop plein de vie dans des causeries prohibées, qui lui valaient de passer au pied d'un arbre un temps qu'il aurait préféré employer au jeu. C'était là son défaut. Mais ce n'était pas un défaut capital. D'ailleurs, bon travailleur à l'étude et en classe, bon joueur en récréation, caractère heureux et gai, aimant tout le monde et aimé de tous, il joignait à ces qualités une énergie rare et un courage remarquable. Dès la première année de son séminaire, il tomba malade. La maladie fut longue, les souffrances très douloureuses, mais l'enfant savait déjà souffrir, et pas une plainte ne sortit de sa bouche pendant cette épreuve. »

Dans l'atmosphère où il vivait, l'ardeur de sa foi ne pouvait que se développer grandement et rapidement. A Sainte-Anne, en effet, on ne se contente pas de faire de bons littérateurs, on prépare les élèves au sacerdoce, et les œuvres de piété tiennent une large place dans leur vie.

Deux congrégations y sont établies : la congrégation des Saints-Anges pour les basses classes, et cel'e de la Sainte-Vierge pour les classes plus élevées. Louis Guégan fut le préfet de ces deux congrégations.

II

Du petit-séminaire de Sainte-Anne, il passa au grand séminaire de Vannes. C'était en 1870 ; presque chaque jour apportait la nouvelle d'un désastre ; au séminaire, les études théologiques languissaient. « Nous nous disions les uns aux autres, raconte M. l'abbé Jobet, nous sommes libres de nos personnes, la France a besoin de nous, est-ce que notre devoir ne serait pas de combattre à côté de nos frères sur les champs de bataille ? L'abbé Guégan n'était pas le dernier à tirer cette conclusion, et s'il était séminariste par la piété et la soutane, il était déjà aux trois quarts soldat par le cœur.

« Un soir, Monseigneur vint au grand séminaire ; il nous réunit dans la salle des exercices ; il exhorta ceux d'entre nous qui le pourraient, avec le consentement de leurs parents, à s'engager pour la durée de la guerre, et nous quitta en nous donnant sa bénédiction. Il n'en fallait pas davantage pour nous décider.

« Le lendemain, plus de vingt séminaristes partaient, Louis Guégan fut des premiers ; il se rendit immédia-tement à Kerléano, afin d'obtenir le consentement de sa mère. Bien qu'elle eût déjà son fils Georges lieutenant dans le bataillon de Charette, Madame Guégan fit à la patrie le sacrifice de son second fils. N'est-elle pas de la race des âmes fortes et généreuses ? »

Deux jours après, le 19 novembre, Louis était au Mans, et le 27 novembre, il était versé dans la troisième compagnie du troisième bataillon, et quittait le Mans sous les ordres du général Jaurès, commandant le vingt et unième corps. Pendant toute cette campagne de Marchenoir et du Mans, le troisième bataillon fut toujours sur le qui-vive, se fatiguant dans des marches et des contre-marches, avançant le jour et souvent reculant la nuit, assistant à tous les combats, à Vendôme, à Fretteval, au Mans, à Sillé-le-Guillaume, couchant sur le champ de bataille à Marchenoir pendant huit jours, et n'ayant pas, en compensation de tant de fatigues et de tant de misères, la consolation de tirer un coup de fusil. Toujours à la peine, ce troisième bataillon ne fut pas une minute à l'honneur ! De toutes les souffrances, cette humiliation fut la plus douloureuse.

Louis Guégan en a souffert plus que tout autre, lui, le petit-neveu de Georges Cadoudal. Plus que tout autre, il a souffert aussi des privations de tout genre, du froid et de la faim. « Nous avions pour la plupart, dit M. Jobet, des manteaux bien étoffés et quelque argent qui nous permettait, et ce n'était pas du luxe, de suppléer à l'insuffisance, parfois trop grande, de l'ordinaire. Louis était sans manteau, il était presque sans argent, et Dieu seul a su ce qu'il a souffert pendant cette campagne. Je dis : Dieu seul, car jamais ses compagnons d'armes ne l'ont appris de sa bouche, et on ne le saurait pas encore aujourd'hui si je ne me rendais coupable envers son frère, qui m'a fait cette confidence, d'une indiscrétion qu'il voudra bien me pardonner.

« Lorsqu'autour de lui on se plaignait de ne rien faire et de tant souffrir pour le roi de Prusse : — C'est vrai, répondait il, mais nous souffrons pour la patrie, et souffrir pour la patrie, c'est encore combattre pour elle. »

Rentré au séminaire, M. Guégan se montra le séminariste pieux, joyeux et travailleur que l'on avait distingué à Sainte-Anne ; aussi y eut-il un instant d'étonnement parmi tous ceux qui le connaissaient, quand on sut qu'il avait demandé un délai pour se préparer au sous-diaconat. Sa piété forte et son caractère vigoureux, semblaient éloigner toute idée de scrupule ; sans doute la délicatesse de sa conscience l'avait fait hésiter devant les redoutables responsabilités et l'éminente dignité du sacerdoce ; peut-être était-ce une épreuve que Dieu lui envoyait pour le fortifier encore ; hésitation humaine ou épreuve divine, cet état ne dura pas longtemps. Envoyé en 1873 comme surveillant d'étude au petit-séminaire de Sainte-Anne, M. Guégan fut ordonné prêtre pendant le carême de 1874. Il quitta Sainte-Anne en 1875, pour devenir vicaire, d'abord à Bubry jusqu'en 1880, puis à Bignan jusqu'à son départ.

Dans ces deux paroisses, il fut ce que son passé promettait de lui, un saint prêtre, bon, patient, humble, courageux, rempli de l'amour de Dieu et de l'amour des âmes, ne craignant jamais sa peine, ne reculant devant aucune fatigue, quand il s'agissait d'un service à rendre ou d'un devoir à remplir. Outre ses fonctions ordinaires de vicaire, il avait à desservir une chapelle située à une assez grande distance du bourg. En été, ce voyage à travers les sentiers parfumés, les petits chemins ombreux et les landes fleuries, était une promenade charmante et pleine de poésie. Mais l'hiver faisait payer largement ces jouissances… ; l'abbé Guégan en avait vu bien d'autres là-bas à Marchenoir et au Mans.

III

Cependant Dieu avait d'autres vues sur ce jeune prêtre : *ascensiones in corde suo disposuit* ; il lui avait fait franchir l'échelon du sacerdoce, il lui montra l'apostolat. L'abbé Guégan médita silencieusement et longuement l'appel de Dieu ; puis, lorsqu'il l'entendit clairement, il hésita, cet appel lui sembla dur.

« Depuis longtemps, écrira-t-il plus tard, mes désirs et mes pensées me pressaient de me consacrer aux missions, mais le diable aidant, je retardais toujours mon départ, et comme saint Augustin, je me montrais rebelle à la voix de Dieu, qui m'appelait, en répondant toujours : A plus tard, à l'année prochaine. Seulement plus le temps avançait, plus les années s'écoulaient, et plus je me sentais tourmenté par le cri de ma conscience. »

Il résolut d'aller à la Trappe de Thymadeuc, faire une retraite de trois jours. « Notre retraite terminée, écrit M. l'abbé Tanguy, son compagnon de route, nous partîmes. Sur les hauteurs qui dominent la Trappe, l'abbé

Guégan s'arrêta tout à coup : — Vous ne savez pas ? Je pars pour le Séminaire des Missions-Étrangères. — Vous plaisantez. — Non, je parle sérieusement ; depuis longtemps, la voix de Dieu m'appelle ; j'ai résisté. Voilà la cause des appréhensions dont je vous parlais l'autre jour. Aujourd'hui le sacrifice est consommé. »

Une dernière fois, il alla voir Kerléano, mais sans annoncer son départ à sa famille, afin d'éviter les cruels déchirements de la séparation. « Je me vois encore monté dans la voiture, écrit un des témoins de ces adieux, considérant les embrassements de ces deux frères qui ne se reverraient plus. — Eh bien ! Louis, s'écria Georges, quand nous reviendras-tu ? Je trouve que tes visites deviennent rares, à bientôt ! — A bientôt ! adieu, répondit l'abbé d'une voix étranglée. Ce fut la seule marque d'émotion qu'il donna, et le cheval nous enleva au grand trot sur la route de Vannes. » Quelques jours plus tard le vicaire de Bignan entrait au Séminaire des Missions-Étrangères.

Lorsque Madame Guégan apprit la détermination de son fils, elle l'accepta en chrétienne. — Mes parents, disait l'aspirant à un de ses amis, sont soumis à la volonté de Dieu, et même, ils sont bienheureux de me voir missionnaire, Dieu en soit béni !

Quand il eut reçu sa destination pour la mission de Cochinchine orientale, il ne crut point devoir aller faire ses adieux à sa famille. Tous redoutaient trop vivement que la blessure de leur cœur ne se rouvrît à cette suprême visite. Le 26 novembre 1882, il s'embarqua à Marseille sans avoir revu « le doux pays d'Armor ».

III

A son arrivée en mission, il fut envoyé avec un caté-chiste à Song-Cat, petite chrétienté de cent cinquante fidèles, où il passa quatre mois à étudier l'annamite; au bout de ce temps, il partit pour la province du Quang-Ngai, afin d'aider le P. Garin, qui succombait sous le poids d'incessants travaux. Bientôt Mgr Van Camel-beke ayant divisé le vaste district du P. Garin, en donna une partie au P. Guégan, qui s'établit à Phu-Hoa et se mit au travail avec ardeur.

« Chers parents, écrivait-il le 23 juin 1884, cette fois je ne vous envoie que quelques lignes parce que j'ai de la besogne par-dessus la tête : administration de mes chrétientés; affaires à juger entre païens et chrétiens; préparation à la première communion d'environ qua-tre-vingts enfants; préparatifs pour la réception de Mgr Van Camelbeke, qui vient dans nos parages admi-nistrer le sacrement de confirmation. J'ai environ mille chrétiens qui n'ont pas été confirmés, parce que ce n'est pas tous les ans que le Vicaire Apostolique peut parcourir la mission. Vous voyez que, si vous ajoutez une église à bâtir, une autre à réparer, ce n'est pas précisém nt la besogne qui me manque. »

Et plus tard, dans un lettre à M. le Supérieur du Séminaire des Missions-Étrangères, il donnait en ces termes le compte rendu des résultats qu'il avait obtenus et des souffrances qu'il avait endurées :

« Depuis neuf mois, Sa Grandeur m'a placé à la tête

d'un district de seize cents chrétiens. Jusqu'à présent, je n'ai pu baptiser que vingt-quatre païens, mais j'ai eu en compensation huit cent deux baptêmes d'enfants de païens *in articulo mortis.* J'espère que lorsque tout sera en paix dans le royaume, les païens finiront par ouvrir les yeux à la lumière de l'Évangile.

« Pour mes chrétiens, tout allait bien quand est venu ce terrible typhon qui a amoncelé les ruines parmi eux : quatre-vingt-quinze maisons ont été détruites entièrement, les autres sont endommagées. J'ai trois églises détruites; plusieurs ont subi de grands dégâts, une surtout, sous le vocable de Notre-Dame-des-Victoires, et affiliée à l'archiconfrérie de celle de Paris. Pourvu que Dieu nous préserve d'une disette qui paraît imminente !

« Enfin, la vie du missionnaire, comme vous me l'avez dit, Monsieur le Supérieur, est une vie de sacrifices... Aussi, quoi qu'il arrive, je suis prêt à me soumettre à tout ce que le bon Dieu voudra bien m'envoyer. Que je puisse gagner beaucoup d'âmes et opérer moi-même mon salut, voilà mon seul désir ! »

La charité de quelques amis de France lui permit de réparer les malheurs que la tempête avait causés.

« Grâce aux secours que mes amis m'ont envoyés, disait-il, les ruines de mon district se relèvent peu à peu ; comme Joseph, sans cependant avoir toutes ses ressources ni toutes ses qualités, j'ai pu acheter du riz, en assez grande quantité, pour faire face aux premières nécessités d'une disette. Je suis donc en train maintenant de relever mes églises, d'élever des digues, de faire des moulins à eau qui amèneront la fertilité dans les endroits arides jusqu'à ce jour. Bref! avec du travail et l'aide de Dieu, j'espère que, dans quelque temps, mes chrétiens ne seront pas trop misérables. Ils ont été bien touchés de la générosité de leurs frères de France. Aussi n'oublient-ils aucun jour de prier pour eux. »

Le P. Guégan partit ensuite pour visiter ses différentes paroisses. Ces visites, que le missionnaire fait une ou deux fois chaque année, lui imposent des fatigues considérables, mais elles lui font savourer des joies intimes et profondément délicieuses. Il y voit d'étonnants exemples de constance, de pureté, de charité ; il touche, pour ainsi dire, toutes les merveilles que la grâce divine opère dans des âmes hier encore soumises au démon.

Le jour de son arrivée est pour les chrétiens un jour de fête. Revêtus de leurs habits de soie noire ou violette aux larges manches, de leurs ceintures multicolores, de leurs turbans verts ou bleus, les fidèles viennent par groupes séparés, les hommes, les femmes, les jeunes gens, les jeunes filles, saluer le prêtre et lui offrir, avec l'hommage de leur filial amour, les présents de leur pauvreté : des fruits, des œufs, parfois de petits gâteaux, sans parler du bétel, de l'arec, du tabac, du thé, condiments indispensables de toute bonne réception en Annam. Le missionnaire les remercie, leur adresse quelques paroles, puis il les congédie.

Les notables de la paroisse se rassemblent alors, ils font leur rapport sur l'état de la chrétienté et sur les principales difficultés qui ont été réglées en l'absence du missionnaire. Celui-ci se fait rendre compte de tout;

il donne ses décisions, rétablit la paix si par hasard
elle a été troublée ; ensuite il se met au confession-
nal, où il restera quelques jours jusqu'à une heure
avancée de la nuit. Pendant ce temps, le catéchiste parcourt le village, entre dans chaque maison, excite les
retardataires, exhorte les pécheurs, instruit les catéchumènes et les enfants. Calme, bienveillant avec un
certain air de dignité qui ne messied point à sa position,
le catéchiste est secrétaire, sacristain, maître d'école,
juge instructeur, avocat, en un mot véritable factotum,
s'il accompagne le missionnaire ; il est pharmacien,
littérateur, philosophe, baptiseur, quand il le précède et lui ouvre la voie au milieu des populations
païennes ; en un mot, il est toujours et partout un des
premiers instruments de l'apostolat.

Lorsque le missionnaire a confessé tous les chrétiens, béni les mariages, baptisé les catéchumènes,
réglé toutes les affaires de la chrétienté, il se dirige vers
une autre paroisse où il recommencera les mêmes travaux.

IV

Telle était la vie active et féconde du P. Guégan
lorsqu'éclata la persécution. Que devint-il alors ?
Quelles ruses ou quelles violences les rebelles employè-
rent-ils pour s'emparer de lui ? Nul ne le sait. Tous ses
chrétiens sont morts avec lui, pas un, pas un seul n'a
survécu pour nous dire quel drame sanglant s'est joué
le 18 juillet 1885 dans la paroisse de Phu-Hoa, quels

fut la rage des bourreaux, la résignation et l'héroïsme des victimes.

Le P. Guégan est mort martyr de Jésus-Christ, voilà tout ce que nous savons ; mais n'est-ce pas assez pour que nos cœurs bénissent Dieu de ses miséricordes et exaltent la gloire de l'apôtre qui a donné le témoignage du sang ?

« Faut-il, continue M. l'abbé Jobet, rapporter ce fait étrange, relatif à la mort de notre ami, et auquel je ne veux pas donner plus d'importance qu'il ne convient ?

« Si je le relate, c'est qu'il est absolument exact et digne foi ; mais je n'entends pas en tirer des conclusions qui seraient pour le moins téméraires.

« C'était le soir de la mort du P. Guégan. Sa mère et sa sœur s'étaient retirées dans leurs chambres. Le sommeil ne venait pas. Dans la nuit, la mère entendit dans l'appartement qu'occupait l'abbé, pendant ses visites à Kerléano, un bruit inusité. On aurait dit les pas d'une personne qui rentre et qui prend ses dispositions pour reposer. A la même heure, la sœur entendait aussi comme des chants harmonieux, qui de la terre s'élevaient pour se perdre dans les cieux. Les deux femmes se rencontrèrent dans la même pensée : n'est-ce pas Louis qui nous fait ses adieux. Le lendemain, Madame Guégan demanda à sa fille si elle n'avait rien entendu dans la chambre de l'abbé. — Non, mère.
— Eh bien ! moi j'ai entendu du bruit, c'est Louis qui nous a quittées. A son tour, la fille raconta à sa mère qu'elle avait entendu des chants délicieux. Et

toutes deux se confirmèrent ainsi dans la pensée que
le cher enfant venait leur faire ses adieux en quittant
cette terre. »

LE P. DUPONT

(1859-1885)

I

Au nord de Cholet, sur un coteau qui domine la fertile et riante vallée du Beuvron, s'élève le bourg d'Andrezé. C'est là que naquit notre cher et glorieux martyr, le P. Honoré Dupont.

Il fit ses études au petit séminaire de Beaupréau où, comme le dit *la Semaine religieuse* d'Angers : « Sa piété eut toujours ces trois caractères distinctifs : amour de la prière, amour de la sainte Eucharistie, amour du sacrifice, » et, pour compléter ce portrait, ajoutons, amour pour la Vierge sainte. « Dès ce temps, écrit un de ces condisciples, il communiait si souvent que nous en étions saintement jaloux. » C'est dans ces rapports intimes et fréquents avec Jésus que le P. Dupont sentit les premiers désirs de vouer sa vie tout entière à la conversion des infidèles.

Il n'hésita point ; se donner à Dieu, tout entier, au prix de tous les sacrifices et de toutes les douleurs, lui parut chose facile ; d'ailleurs, sa vocation n'était pas le coup de foudre du chemin de Damas, mais bien plutôt l'épanouissement d'une intellig"ce et d'un cœur purs aux chauds rayons de la grâce. Heureux ceux que Dieu choisit ainsi dès l'enfance et qu'il élève à l'ombre du sanctuaire !

Le P. Dupont entra au Séminaire des Missions-Étrangères en 1881 et y resta trois ans. Au mois de septembre 1884, il reçut sa destination pour la mission de Cochinchine orientale.

Avant son départ, il alla avec les jeunes missionnaires, ses compagnons de route, remercier de leurs bienfaits les Dames de l'Œuvre des Partants. J'ai déjà parlé de cette œuvre, mais je n'ai dit ni son organisation, ni ses moyens d'action. Puisque mon sujet m'y ramène, je les dirai.

II

L'Œuvre des Partants a un directeur ; c'est un prêtre de la Société des Missions-Étrangères, directeur au Séminaire ; elle a une présidente, une vice-présidente, une trésorière, une secrétaire, d.s conseillères, des zélatrices et des associées ; elle aide les missionnaires par la prière, par l'aumône et par le travail.

La prière est permanente, l'aumône est de 5 francs par an ou d'un don unique de 110 francs, le travail consista d'abord à composer le trousseau des missionnaires ; mais la charité a des désirs insatiables et des exigences toujours renaissantes ; les associées aidaient ceux qui allaient partir, ceux qui déjà bouclaient leurs malles, elles voulurent aider ceux qui ne devaient partir que dans un ou deux ans, elles demandèrent qu'on leur confiât la lingerie du Séminaire des Missions-Étrangères. La présidente transforma ses appartements en un ouvroir ; à cet ouvroir elle donna le nom de Nazareth. Il y a certains mots qui renferment un programme, à moins que ce ne soit une histoire, Nazareth est de ceux-là, il dit : humilité, foi, prière et travail.

Le mardi de chaque semaine, les associées de l'Œuvre des Partants travaillent et prient à l'ouvroir ; il y vient des femmes dont les ancêtres furent les compagnons d'armes de Godefroi de Bouillon et de Tancrède de Hauteville ; il en vient qui n'ont ni parchemins ni armoiries, mais à Nazareth on ne s'occupe point de ces choses de la terre ; les associées n'ont qu'un titre, le titre de fille de Dieu ; qu'un blason, le blason de l'Œuvre des Partants : un navire, la voile au vent, voguant rapidement sur des flots calmes.

Ce fut un mardi que le P. Dupont et ses confrères allèrent à Nazareth. La simplicité est fille de la charité ; ils n'eurent à admirer ni potiches de Chine, ni bibelots élégants, ni tableaux de maître, mais ils purent voir d'énormes paquets de chemises en grosse toile, de chaussettes grises, de tabliers bleus ; au-dessus de ces paquets, éclairées par une lampe et entourées de fleurs, seul luxe qu'on se permette à Nazareth, parce que c'est un hommage bien plus qu'un luxe, les trois statues de la sainte Vierge, de saint Joseph et de sainte Thérèse. La visite fut courte, on parla des pays lointains, des âmes à sauver, des souffrances à endurer ; on se promit un mutuel souvenir devant Dieu, puis les missionnaires et les Dames de l'Œuvre des Partants se mirent à genoux et la présidente prononça la prière suivante qui, à l'ouvroir, se récite à chaque heure de la journée :

« O Dieu, qui désirez voir tous les hommes faire leur salut et parvenir à la connaissance de la vérité, envoyez, nous vous en prions, des ouvriers à votre moisson, et donnez-leur de prêcher en toute confiance votre parole, afin que votre Évangile soit propagé et glorifié, et que toutes les nations vous connaissent, vous seul vrai Dieu et Celui que vous avez envoyé, Notre-Seigneur Jésus-Christ, qui, Dieu, lui aussi, vit et règne avec vous en l'unité du Saint-Esprit dans les siècles des siècles. Ainsi soit-il ! »

Cette prière terminée, les missionnaires se retirèrent. Aujourd'hui leurs successeurs sont plus heureux : avant de quitter l'ouvroir, ils vont s'agenouiller un instant dans l'oratoire que le Souverain Pontife a permis d'ériger dans un des appartements de la présidente de l'Œuvre et où, jour et nuit, réside Notre-Seigneur Jésus-Chris

III

Cinq jours après cette visite le P. Dupont quittait la France.

« Je pars, écrivait-il de Marseille, pour me sanctifier, ou mieux pour gagner des âmes, car un des meilleurs moyens d'entrer au ciel, n'est-ce pas de l'ouvrir aux autres, ou mieux encore pour faire la volonté de Dieu. »

La situation de la mission était loin d'être paisible. Déjà les mandarins et les lettrés essayaient de faire passer dans le peuple la haine dont ils étaient animés contre les missionnaires et les chrétiens ; déjà l'on avait eu à déplorer quelques pillages partiels.

Le P. Dupont fut envoyé dans une petite chrétienté voisine de Gia-Huu, afin d'étudier la langue annamite. C'est là qu'il apprit la mort des cinq missionnaires, massacrés au mois de juillet et d'août, dans les provinces voisines.

Le P. Geffroy, chargé du district, appela le P. Dupont près de lui. La position devenait chaque jour plus dangereuse ; les païens, enhardis par le succès et l'impunité, continuaient de porter partout le ravage et la mort. « J'offris alors au P. Dupont, dit le P. Geffroy, d'aller à Hué exposer la situation au général de Courcy ; mais il s'y refusa, disant qu'il était trop jeune et que c'était plutôt à moi d'y aller. Il me promit de veiller à mon district pendant mon absence et de donner l'absolution à mes chrétiens quand toute résistance deviendrait inutile. »

Le P. Geffroy partit, et le P. Dupont resta seul ; quelques jours après, il écrivit à son frère cette lettre toute vibrante de foi et d'humilité :

Gia-Huu, 23 juillet 1885.

« Bien aimé Félix,

« Aurais-tu donc, dans ta dernière lettre, été prophète sans le savoir ? Tu m'exhortais, avec toute ta charité de prêtre, de parrain et de frère, à me montrer toujours digne de ma vocation apostolique, fidèle jusqu'au sacrifice de la vie. O Félix ! peux-tu le croire et l'entendre ! Le martyre est là, à ma porte. Encore quelques heures, et il est possible que je sois pris, c'est-à-dire brûlé, massacré, déchiré en mille pièces. Ah ! quelle situation, frère ! Quelle joie, d'une part ! mais aussi quelles douleurs, quelles tortures du cœur !

« Coup sur coup, depuis neuf jours, les nouvelles les plus épouvantables nous arrivent ici. Trois missionnaires, les PP. Garin, Poirier, Guégan, cinq à six mille chrétiens massacrés avec une rage diabolique ; le reste en fuite sur les montagnes, où les bêtes et la faim surtout vont les achever ; églises brûlées, bûchers de chrétiens, orphelinats, couvents noyés dans le sang. L'épouvante est partout, le carnage est partout dans cette malheureuse province du Tu-Ngai. Et les Français ?... Rien. Tous les cœurs soupirent après eux... Pas ombre de secours. Il faut donc que tous nos pauvres enfants, toutes nos œuvres soient anéantis ! O douleur ! ma maison est comme encombrée des petites affaires des chrétiens. Près de nous, ils ont moins peur, ils croient que nous les sauverons. Et que faire, grand Dieu ? Nous mourrons ensemble !

« A plus tard, frère bien aimé. Si j'en réchappe, je te donnerai les détails. Vraiment, il y en a qui sont d'une atrocité pour ainsi dire invraisemblable.

« Mais, est-ce possible ! Je succomberais martyr ! Ah ! si c'était vrai ! Bénis, mon âme, ah ! bénis le Seigneur !

« Frère, chante avec allégresse le *Te Deum ;* mais, auparavant, pleurons le *Miserere,* car j'ai été bien misérable dans ma vie. Si j'y passe, oh ! Félix, dis bien à tous, je ne puis nommer tout le monde, à toute la famille, que je meurs en les conjurant tous de me pardonner offenses et ingratitudes, tous manquements envers eux.

« Et maintenant, vienne la mort. Aidé de Jésus et de Marie, me souvenant de maman, de Victor, d'Octavie, de tous nos bienheureux défunts, je ne faillirai pas. Mais pas de larmes au pays. Non ! que les âmes exaltent la miséricorde de Dieu ! Souvent déjà j'ai imploré le Dieu des forts, la Reine des martyrs ; je ne suis pas loin peut-être d'être exaucé.

« Merci ! mon Dieu, merci !

« Enfin, frère, adieu et à Dieu ! J'embrasse tout le monde et vous étreins tous pour la dernière fois peut-être.

« Honoré DUPONT. »

Quelques semaines plus tard, le P. Dupont avait consommé son sacrifice et reçu la récompense promise à ceux qui donnent leur vie pour la cause de Dieu et de l'Église.

Il a été missionnaire seulement pendant quelques mois,

mais en peu de jours il a fait beaucoup; il a gagné le ciel et laissé à la terre de nobles et saints exemples. *Defunctus adhuc loquitur.*

Jusqu'à ce jour, aucun détail ne nous est parvenu sur sa mort, pas plus que sur celle des PP. Guégan et Barrat. Les anges du ciel ou les bourreaux pourraient seuls nous dire quels supplices ils ont endurés, quel courage ils ont déployé, avec quel bonheur ils ont donné leur vie pour Dieu, pour l'Église et pour la France.

LE P. BARRAT

MISSIONNAIRE APOSTOLIQUE DE LA COCHINCHINE ORIENTALE

(1859-1885)

Au mois d'août 1876, Lourdes voyait pour la cinquième fois se prosterner sur son sol béni de nombreux enfants du catholique diocèse de Nantes. Pour porter la bannière de Marie Immaculée, dont M. de Sonis et M. Cazenoves de Pradines tenaient les cordons, on avait choisi un jeune séminariste dont le maintien modeste et grave dénotait un profond recueilement.

Au lendemain de ce jour solennel, le séminariste s'approchait d'un prêtre qui semblait lui témoigner une affection toute paternelle : — Monsieur le curé, lui dit-il, j'ai demandé quelque chose à la Sainte Vierge, maintenant tout dépend d'elle.

— Eh bien, que lui as-tu demandé?

— Je lui ai demandé ma guérison ou du moins de me donner une santé suffisante.

— Suffisante, pour quoi?

Le séminariste ne répondit pas, et le curé, distrait par les chants d'actions de grâces de ses nombreux compagnons, n'insista point.

Le jeune homme retourna au séminaire et le prêtre resta dans sa paroisse; lorsque, une année plus tard, tous les deux se retrouvèrent : — Monsieur le curé, fit le séminariste, j'ai promis à Notre-Dame de Lourdes d'être missionnaire si elle me guérissait, elle m'a guéri.

— Pars, mon fils, si c'est la volonté de Dieu ; j'aurai soin de ta mère.

— Mon fils est parti, ajoute le vénérable prêtre de qui nous tenons ce récit, il est mort pour Jésus-Christ : gloire à Dieu !

I

Le jeune séminariste qui, pour remplir la promesse faite à la Vierge de Lourdes, partait pour les Missions-Étrangères, se nommait François-Xavier-Louis Barrat. Il était né en la paroisse de Rougé, au petit hameau de la Grée-Pothin, situé sur le flanc d'un coteau aride et sablonneux, que la Bruz aux eaux limpides semble enserrer dans ses sinueux replis.

Son enfance se passa calme et douce au foyer paternel, jusqu'au jour où le supérieur du collége de Sainte-Marie, près de Châteaubriant, charmé de sa piété et de ses bonnes dispositions, lui fit faire ses études. M. Barrat répondit dignement à la confiance du saint prêtre : travail assidu, conduite exemplaire, piété toujours vive, telle fut sa jeunesse. « Aussi, nous écrit M. le curé de Rougé, François était-il aimé de ses maîtres et de ses condisciples, et chaque année j'avais la joie de le voir remporter le prix d'honneur. »

Jeune encore, il songeait à se consacrer aux Missions-Étrangères, mais sa constitution frêle et maladive semblait un obstacle insurmontable.

Nous avons vu comment Notre-Dame de Lourdes lui donna la santé.

Entré au Séminaire des Missions-Étrangères le 14 octobre 1877, il s'y montra plein de cette piété ardente qui, à Nantes, en avait fait un sujet d'édification. Nous citerons une de ses lettres, écrite en un moment de ferveur, et qui nous permettra de pénétrer jusqu'au plus intime de son âme :

« Je viens à l'instant de renouveler mes promesses cléricales ; prosterné au pied du Roi de gloire reposant sur son trône d'amour, en face de la cour céleste tout entière et surtout des saints clercs, en présence aussi de mes nouveaux maîtres et de mes nouveaux confrères ; je me suis entièrement donné à mon Dieu. Pouvait-il être circonstance plus favorable pour une si grande action ? Je me trouvais face à face avec mon Jésus, et jetant par la pensée un regard autour de moi, je n'ai vu que des visages naguère encore inconnus. Ce n'était plus le temple où l'eau sainte du baptême a coulé sur mon front, où pour la première fois le Dieu d'amour est venu habiter dans mon cœur ; ce n'était plus le temple même, où j'avais reçu la sainte couronne cléricale, les premiers ordres de la hiérarchie ecclésiastique. Que s'est-il donc passé? où suis-je? Ah ! monsieur le vicaire, j'ai compris que j'avais bien tout quitté pour me mettre tout à fait au service de mon divin Maître : une mère si tendrement aimée, des parents, des bienfaiteurs, des pères que je n'oublierai jamais, des amis, mon pays natal, tout, en un mot, et que maintenant, libre, dépouillé de tout, je pouvais dire à mon Jésus avec toute vérité : *Dominus pars hœreditatis meœ et calicis mei; tu es qui restitues hœreditatem meam mihi.* Oh ! oui, avec quelle confiance et quel amour j'ai répété ces belles paroles! Je me suis donné tout entier à mon Dieu, je n'ai rien réservé pour la créature, afin qu'il se donnât aussi tout entier à moi. »

II

Après deux années de séjour au Séminaire des Missions-Étrangères, François Barrat reçut sa destination pour la mission de Cochinchine orientale. Le 22 novembre 1879, il quittait Paris : tout le monde connaît la cérémonie du départ; les auteurs qui ont consacré leur temps et leur talent à raconter la vie de quelques missionnaires ont redit les chants, les prières, les joies, les douleurs de cette scène pleine d'une indescriptible émotion. Avant que la cérémonie ne s'achevât, le P. Barrat vint, avec ses compagnons de route, se prosterner au pied des saints autels et, en face de ses pères dans le sacerdoce et de ses frères dans l'apostolat, il fit à Dieu la promesse de consacrer sa vie entière à la conversion des infidèles. Voici la teneur de cet acte de bon propos :

« Moi, François Barrat, touché par l'exemple de Notre-Seigneur Jésus-Christ et de ses saints apôtres, voulant me consacrer uniquement au service de Dieu et désirant ardemment procurer sa gloire en propageant la vraie foi dans les pays infidèles; après avoir mûrement délibéré devant Dieu, dont j'ai imploré le secours; confiant d'ailleurs dans la protection de la Vierge Immaculée Mère de Dieu, de mon saint Ange Gardien, de saint Joseph et de saint François-Xavier, que je révère comme mes patrons, je déclare entrer dans la Société des Missions-Étrangères érigée par l'autorité apostolique, et je me propose d'unir irrévocablement ma vie à celle des missionnaires qui font déjà partie de la même Société.

« C'est pourquoi, avec le secours de Dieu, je me propose fermement d'observer le plus fidèlement possible les règles communes de cette Société et aussi celles de la Mission ou de la résidence qui me sera assignée. Je suis encore résolu à combattre le bon combat jusqu'à la fin de ma vie, et à mourir dans ma sainte vocation.

« Je prie donc le Dieu de mon cœur, lui que j'ai choisi pour être mon partage pendant l'éternité, de conserver et d'augmenter en moi l'esprit de charité dont il s'est servi pour m'inspirer ce dessein ! Qu'il daigne aussi, après m'avoir donné de vouloir, m'accorder de mener à bonne fin cette entreprise. Ainsi soit-il. »

Le lendemain, le P. Barrat était à Marseille, et avant de s'embarquer il écrivait à sa famille :

« Je pars, faut-il vous le redire, joyeux et content. Oh! que je suis heureux de la part qui m'est échue en héritage! Il en coûte un peu à la nature, c'est vrai, mais que de consolations compensent ces petits sacrifices! Et puis le ciel, le ciel pour y être toujours heureux, toujours, toujours! Comme cette pensée me donne de la force et du courage! »

Le 26 novembre, il quittait la France. Deux jours après, il saluait Naples et son incomparable baie. Le 4 décembre, il entrait dans le canal de Suez : des sables jaunes, des flaques d'eau de chaque côté et l'immense silence du désert qu'on sent passer sur soi ; de temps à autre quelques caravanes d'Arabes conduisant de maigres chameaux, un navire qui revient d'Extrême-Orient et que l'on salue ; en un jour le canal est parcouru et le navire entre dans la mer Rouge.

On était presque au milieu du mois de décembre, la mer était calme, le ciel ardent, mais la chaleur était assez supportable.

Les missionnaires se recueillent, ils songent aux grands et saints souvenirs que ces lieux leur rappellent : l'Égypte, la mer Rouge, le Sinaï ; le navire marche toujours et Aden apparaît avec ses rochers abrupts et ses vallées arides, où ne grandit pas un arbre, où ne croît pas une fleur.

De cette terre d'absolue stérilité, le P. Barrat passe,

après sept jours de navigation, au pays des émeraudes
et des rubis, Ceylan. Il a déjà parcouru 5,066 milles
marins, il lui en reste encore près de 3,000. A Singapore et à Saïgon, il est reçu par des missionnaires,
enfants comme lui de la Société des Missions-Étrangères ;
enfin, au com : encement du mois de janvier, il débarque
au port de Qui-Nhon.

Il est arrivé dans sa mission, il est chez lui.

II

Il fut d'abord envoyé à Xom-Chuôi, sur le bord de
la mer, afin d'étudier la langue. « Rien de si pauvre
que mon église, disait-il ; quand, chaque matin, j'offre
le saint sacrifice, je ne puis m'empêcher de songer à
l'étable de Bethléem. »

En 1881, il fut nommé procureur de la mission.
« Cette position, écrit-il, n'est point celle que j'avais
rêvée : j'en suis réduit à compter des sapèques et n'ai
point la joie de donner des enfants à Notre-Seigneur ;
mais je suis là où m'a placé mon évêque. »

Enfin ses vœux furent exaucés : il fut chargé du district de Thac-Da, dans le Binh-Dinh. Il commençait
déjà à recueillir les fruits de son zèle lorsque la persécution éclata.

Le P. Barrat comprit de suite qu'il n'avait plus qu'à se
préparer à mourir ; il écrivit au vénérable prêtre qui
avait encouragé sa vocation apostolique une lettre dont
nous sommes heureux de citer quelques extraits :

« Monsieur le curé et vénéré père,

« C'est peut-être la dernière fois que je vous écris... Depuis une dizaine de jours, en effet, nous sommes sous le coup d'une persécution épouvantable ; ce sont des alertes continuelles. Enfin, il n'arrivera que ce que le bon Dieu voudra. Peut-être un de ces jours des bateaux vont-ils venir nous sauver : c'est le secret de Dieu. *In manus tuas, Domine, commendo spiritum meum.* Bien que très ému, monsieur le curé, j'espère que le bon Dieu me donnera grâce et force pour supporter la mort avec courage pour la gloire de son saint nom. J'ai depuis quelques jours avec moi un bon vieux prêtre annamite : j'ai pu me confesser il y a une dizaine de jours, et j'espère encore le faire demain...

« Après cela, je compte sur la miséricorde de Dieu, la protection de la sainte Vierge et de saint Joseph, et ensuite sur les prières de toutes les personnes qui m'aiment en Notre-Seigneur. Si je viens à être massacré, qu'on n'aille pas dire : « Il est martyr, il n'a que faire de prières, » et pendant ce temps on me laisserait languir en purgatoire. Non, non! je demande des prières, et si Notre-Seigneur me reçoit dans sa miséricorde, je paierai alors mes dettes à mes bienfaiteurs.

« Je vous écris ainsi, monsieur le curé, mais en vous priant instamment de garder le silence sur toutes ces choses jusqu'à ce que vous ayez appris ma mort ou que le danger soit passé. Vous avez été toujours un père pour moi : un fils ne doit avoir rien de caché pour son père.

« Dans le cas où le bon Dieu demanderait le sacrifice de ma vie, sitôt que vous en aurez la nouvelle certaine, veuillez l'annoncer peu à peu à ma pauvre mère. Je crains qu'elle n'en meure de chagrin. Mais le bon Dieu, j'espère, l'assistera dans cette occasion, comme il l'a déjà fait précédemment.

« Je vous embrasse dans les saints Cœurs de Jésus, Marie, Joseph, cher et vénéré père, et je demande votre bénédiction.

« Votre pauvre missionnaire,

« F. BARRAT,

« Missionnaire apostolique. »

Les pressentiments du P. Barrat ne l'avaient point trompé; vers la fin du mois de juillet, Notre-Seigneur Jésus-Christ lui demanda le sacrifice de sa vie.

Il le fit courageusement, comme il faisait toutes choses. Ne savait-il pas d'ailleurs que le sang des martyrs est plus puissant pour la conversion des peuples que les prédications des missionnaires?

LE P. IRIBARNE

MISSIONNAIRE APOSTOLIQUE DE LA COCHINCHINE ORIENTALE

(1859-1885)

I

Le P. Dominique Iribarne naquit le 8 juillet 1859, à Ossès. C'est au fond de cette petite et étroite vallée, baignée par les eaux mugissantes de la Nive, qu'il passa les premières années de sa vie.

Lui-même a souvent raconté comment Dieu l'avait pris à son service.

« J'avais douze ans, disait-il, lorsqu'un prêtre habitué d'Ossès, M. Larre, vint me trouver; j'étais aux champs, seul, la pioche à la main. Je me hâtais d'achever la tâche que m'avait marquée ma mère.

« — Dominique, me dit M. Larre, tu ne voudrais pas être prêtre?

« Je me redressai comme sous l'action d'une pile électrique, je sentis mes cheveux se hérisser.

« — Comment, monsieur l'abbé, moi prêtre? quelle

apparence? Maman n'a que moi, et qui va lui faire les travaux des champs? »

Mais cette objection ne pouvait arrêter le saint prêtre : il gagna la mère, il gagna le fils plus facilement encore, le fit étudier quelque temps chez lui, et l'envoya ensuite au pensionnat des missionnaires de Hasparren. Dominique resta trois ans dans cet établissement. — C'est de l'or en barre que vous nous avez donné là, disait le supérieur à Madame Iribarne ; cet enfant sera notre honneur et notre bonheur à vous et à nous.

Au petit séminaire de Larressore, où il entra en quatrième, il donna la même satisfaction à ses professeurs. D'une franchise et d'une loyauté extrêmes, d'une droiture dans sa conduite et d'une pureté dans ses mœurs qui ne permit jamais l'ombre d'un soupçon, il garda en même temps l'âpre énergie d'un véritable Basque. Les difficultés ne l'effrayaient pas, mais il voulait les vaincre complètement et tout de suite. Il se désolait parfois de ses progrès trop lents dans l'étude de la langue française, qu'il n'avait point apprise en son enfance. Ces regrets ne se traduisaient pas par des larmes ou par une vaine tristesse, mais par un redoublement d'énergie. — Est-ce qu'il n'est donc pas possible que je devienne un peu Français? demandait-il à son professeur; dites-moi donc ce que je dois faire, car je me couperais la moitié de la langue pour apprendre à l'autre moitié à m'obéir.

Cependant, ce jeune séminariste qui nous semble si fort, si courageux, doute de sa force et de son courage.

Lorsque la pensée d'être missionnaire se présente à son esprit, la première question qu'il se pose est celle-ci : « Serai-je capable de supporter le martyre ! » Alors toutes les privations, toutes les fatigues qu'il peut imaginer, il s'y oblige afin d'endurcir son corps et de fortifier son âme. Un jour, dans son ardeur de néophyte qu'il pousse jusqu'à l'excès, si l'excès pouvait exister dans les choses dictées par l'amour de la croix, il se fait donner un seau d'eau bouillante et y plonge résolument les pieds. Il dut garder le lit pendant un mois.

Malgré cette énergie ou plutôt peut-être à cause d'elle, le cœur conservait ses droits. Dominique Iribarne tremblait à la pensée de déclarer ses projets à sa mère. Pendant sa dernière année de petit séminaire, il obtint la permission de passer quelques jours chez lui afin de préparer sa famille au sacrifice. Il resta vingt jours et partit sans avoir osé dire un mot. Entré au grand séminaire, il chargea un ami de cette démarche. Madame Iribarne n'eut pas plus tôt compris ce dont il s'agissait qu'elle partit pour Bayonne ; elle fit cinquante kilomètres, sans boire ni manger, traversa les rues de la ville sans parler à personne et alla droit au séminaire :

— Mon fils, l'abbé Iribarne, demanda-t-elle. L'abbé descendit. L'entrevue fut orageuse. La mère donna des ordres formels et absolus. Le fils pria, supplia, il parla de Dieu, du salut des âmes, de sa vocation ; la mère renouvela ses défenses, plus précises et plus impérieuses. Alors le fils se mit à genoux :

— Mère, demanda-t-il d'une voix basse, mais ferme,

dites-moi, dites-moi que vous ne voulez pas que je parte, et je jette cette soutane à vos pieds, je vais avec vous et je prends la pioche.

La mère contempla son fils pendant quelques instants; ses traits crispés, par l'indicible angoisse qui poignait son cœur, se couvrirent d'une mortelle pâleur, et lentement, comme si chaque mot lui coûtait la vie :

— Mon fils, prononça-t-elle, dès ce moment, tu es mort pour moi, fais ce que Dieu veut.

Et Madame Iribarne repartit pour Ossès ; son sacrifice était fait, jamais une plainte, jamais un reproche ne sortira de ses lèvres.

II

Après avoir passé trois ans au Séminaire des Missions-Étrangères, le P. Iribarne fut destiné à la Cochinchine orientale. — Tu me vois ému, disait-il au vicaire d'Ossès, et cependant je suis heureux comme si je voyais la porte du ciel s'ouvrir devant moi. Ici je n'aurais pas fait un bien bon curé, j'espère que je ferai un bon missionnaire ; pas mal sauvage moi-même, je crois que le bon Dieu m'a taillé pour les sauvages, à eux jusqu'à la mort !

Arrivé dans sa mission, il commença par apprendre la langue ; c'est le premier travail de tout débutant dans la carrière apostolique : être un saint prêtre et savoir la langue, deux choses essentielles pour [faire un bon missionnaire, deux choses indispensables pour

convertir les païens, bien instruire et bien diriger les
chrétiens.

La langue annamite est monosyllabique et tonique.
Presque chaque mot peut se prononcer sur six tons
différents qui donnent à chacun une signification particulière. Ces six tons sont : le ton aigu, le ton interrogatif, le ton ascendant, le ton plein ou uni, le ton descendant, et enfin le ton grave ou remontant.

Prenons par exemple le mot *ma* : prononcé sur le ton
uni, il signifie fantôme ; sur le ton interrogatif, tombe ;
sur le ton ascendant, cheval ; sur le ton aigu, joue ; sur
le ton descendant, c'est la conjonction, pour ; enfin, sur
le ton grave ou remontant, il veut dire semis, plants de
riz.

Un des premiers missionnaires de l'Annam com-
paraît naïvement cette langue à des gazouillements
d'oiseau ; il y a du vrai dans cette comparaison.

Le P. Iribarne se mit au travail avec ardeur ; le missionnaire apprit plus vite l'annamite que l'écolier de
Hasparren n'avait appris le français. Après cinq ou six
mois d'étude, il pouvait confesser et faire le catéchisme aux enfants.

En 1884, il évangélisait le district de Quan-Cau, dans la
province du Phu-Yen, «district particulièrement pauvre,
écrivait-il, où dans chacune de mes chrétientés je
ne pourrais trouver quatre maisons ayant le suffisant
pour vivre, et j'entends par suffisant, récolter assez
pour ne pas mourir de faim en travaillant toute
l'année comme des mercenaires ; cependant, je me
garderai bien de me plaindre de mon sort, c'est

l'œuvre de Dieu, et pourvu que je fasse ce qui dépend de moi, j'ai la certitude que la Providence pourvoira à tout pour sa plus grande gloire. »

Ce que la Providence devait faire pour sa plus grande gloire, personne alors, malgré les sombres pressentiments qui agitaient tous les cœurs, personne ne le prévoyait, et le P. Iribarne, qui comme tous ses confrères, augurait mal de l'avenir, n'aurait pas osé même soupçonner les terribles malheurs qui sont venus fondre sur la mission de Cochinchine orientale.

Il y avait dix-huit mois à peine qu'il travaillait avec la plus grande ardeur dans la portion de la vigne que son évêque lui avait donnée à défricher, quand il eut le bonheur de verser son sang pour Jésus-Christ.

III

« La nouvelle de la mort du cher P. Iribarne, écrit Mgr Van Camelbeke, m'a été confirmée de manière à ne plus laisser de doute dans mon esprit. Il aurait été massacré le 19 août, non loin de sa chrétienté de Quan-Cau. Ne pouvant plus tenir au milieu des incendies de ce village, et se voyant cerné de près par une forte troupe de rebelles, il se décida à tenter la fuite avec toute la vitesse de son cheval. Il espérait trouver au port voisin une barque pour s'éloigner en mer. Malheureusement, il n'en trouva aucune et dut revenir vers son point de départ. L'ennemi l'attendait. Il fut tout d'abord renversé de cheval et percé de deux coups de lance. Les bourreaux, voulant le faire souf-

frir plus longtemps et repaître les yeux de la popu-
lace du spectacle de sa mort, le garrottèrent avec la
dernière barbarie et le portèrent jusqu'auprès du marché. Là, le pauvre et cher Père fut décapité, en
présence de la multitude ameutée. Sa tête fut attachée
aux branches d'un grand arbre, et tout son corps fut
dépecé et grillé comme de la viande de boucherie. Le
catéchiste qui l'accompagnait eut le même sort, ainsi
qu'une foule de chrétiens de l'endroit. »

Lorsque Madame Iribarne apprit la mort de son fils,
deux larmes, deux seules, glissèrent sur son visage,
une ombre passa sur son front, ses lèvres murmu-
rèrent une prière, ce fut tout. Elle resta presque silencieuse; peut-être en ce moment de suprême douleur
revoyait-elle son fils agenouillé dans le parloir du
grand séminaire de Bayonne, et au fond de son cœur
entendait-elle l'écho de cette parole qui lui avait tant
coûté : « Mon fils, fais ce que Dieu veut. »

LE P. CHATELET

MISSIONNAIRE APOSTOLIQUE DE LA COCHINCHINE ORIENTALE

(1858-1885)

La France catholique sentait son cœur tressaillir à la nouvelle des drames sinistres dont les Missions d'Extrême-Orient étaient le théâtre ; les revues qui depuis si longtemps ont mis leur dévouement au service de l'apostolat — *Missions catholiques, Annales de la Propagation de la Foi, Annales de la Sainte-Enfance* — publiaient les douloureux récits envoyés par les vicaires apostoliques et par les missionnaires ; elles faisaient connaître les horreurs effroyables et les désastres inouïs dont étaient victimes les chrétiens annamites ; elles demandaient aux catholiques les secours de leurs aumônes et de leurs prières. A leur exemple, les Semaines religieuses et les journaux catholiques ouvraient des souscriptions. Ces pressants appels étaient entendus : la générosité des fidèles surpassait les plus hautes espérances. Hélas ! elle ne surpassait point les désastres qui toujours continuaient. Pour la neuvième fois en l'année 1885, le vénérable évêque de la Cochinchine orientale écrivait au Séminaire des Missions-Étrangères, annonçant une nouvelle de mort. Le P. Chatelet venait d'être massacré.

I

Bon, simple, pieux, serviable, tel fut François Chatelet au témoignage de tous ceux qui l'ont connu. Il naquit à Saint-Didier, le 20 avril 1858.

Dès l'âge le plus tendre, il manifesta l'intention de se consacrer à Dieu. Lorsque sa mère le conduisit à l'école cléricale de Saint-Augustin, à Lyon, il lui demanda de passer par le village d'Ars, afin de pouvoir consulter le vénérable M. Vianney. L'entretien du saint prêtre et du futur martyr fut long ; que se dirent-ils ? Ni l'un ni l'autre ne l'ont révélé. Mais quand l'enfant sortit du presbytère, son visage rayonnait d'une joie extraordinaire.

De l'école Saint-Augustin, il alla au petit séminaire de l'Argentière, où ses études faillirent être interrompues par la surdité dont il était atteint depuis son enfance et qui menaçait, déclara le médecin, d'augmenter d'une manière sensible. Cette nouvelle bouleversa le jeune élève. Être prêtre avait été le rêve de toute sa vie ; alors il se tourna vers Marie, le refuge et la consolation des affligés, il fit la promesse de se consacrer aux Missions-Étrangères, si elle lui accordait la grâce de continuer ses classes. La Reine des Apôtres et des Martyrs entendit et exauça cette prière ardente. La surdité dis-

parut en partie, et François put entrer au grand
séminaire, puis au Séminaire des Missions-Étrangères.
Il partit en 1880 pour la mission de Cochinchine orientale. « Il eut quelque peine, dit le P. Chambost, à s'ac-
climater et à apprendre la langue annamite. Après avoir
exercé le saint ministère sous la direction d'anciens
confrères, dans plusieurs grandes chrétientés, le P. Chatelet avait été placé, il y a plus d'un an, à la tête d'un
immense district, composé d'une dizaine de petites
paroisses, éloignées les unes des autres et renfermant
environ deux mille catholiques. C'était sur un plateau
élevé, à une grande journée de marche de la mer, dans
la province du Phu-Yên, à peu près à égale distance de
Saïgon et de Tourane. C'est là qu'il se trouvait en
juillet et août, lorsqu'éclata la catastrophe qui devait
anéantir la mission de Cochinchine orientale.»

II

Au Phu-Yên comme dans toutes les autres provinces,
les mandarins et les lettrés avaient pris leurs précau-
tions pour que pas un missionnaire, pas un chrétien
n'échappât au massacre qu'ils préparaient.

Ordre avait été donné aux chefs de villages d'armer
les païens, de faire garder toutes les routes et d'empêcher qui que ce fût de sortir des ports. Les maires
avaient distribué aux païens des planchettes de bambou
sur lesquelles étaient inscrits ces mots : « Bonne population », avec le nom du porteur et le cachet du village.
Pendant ce temps les mandarins, préfets, sous-préfets,

chefs de canton rassuraient les missionnaires et les chrétiens. Lorsque tout était prêt, les lettrés attaquaient la citadelle de la province, et les mandarins la leur abandonnaient après quelques heures d'une résistance simulée, en se déclarant impuissants à la défendre. Le gouvernement annamite aidait la rébellion, mais il se hâtait officiellement de la désavouer ; dans leurs proclamations et dans leurs entretiens, ses représentants déclaraient qu'ils mettraient tous leurs soins à protéger les missionnaires et les chrétiens, et ils faisaient cause commune avec les égorgeurs. « Les auteurs des persécutions sont bien connus, écrit Mgr Caspar, les chrétiens échappés à la mort m'ont cité beaucoup de noms, ce sont des dignitaires de villages païens. » « Les auteurs des massacres sont les mandarins qui les ont ordonnés et les lettrés qui les ont effectués, » écrit Mgr Puginier.

En Cochinchine orientale, leur plan a réussi au delà de leurs espérances. Cette mission possédait quarante et un mille chrétiens, il lui en reste dix-sept mille ; huit missionnaires, sept prêtres indigènes, soixante catéchistes, deux cent soixante-dix religieuses, vingt-quatre mille chrétiens ont été massacrés ; dix-sept orphelinats, dix couvents, quatre fermes, deux séminaires, deux pharmacies, une imprimerie, un évêché, deux cent vingt-cinq églises ont été détruits.

Ces massacres et ces destructions se firent avec des raffinements prodigieux et une rage inouïe On dit que les Annamites n'ont point le génie de l'invention. Pour les arts ou pour les sciences, c'est vrai ; pour les supplices, c'est une erreur.

Ils défient tous les tortionnaires passés et futurs ; ils savent tout : la mort lente, les cent plaies, l'écartèlement, la strangulation qui dure des heures, la pendaison par les pieds ou par les mains, etc. ; ils ont des instruments pour tous les supplices : des tenailles froides ou brûlantes, des sabres, des cangues, des rotins, des couteaux, des crochets. D'ailleurs, ce ne sont point des brutes qui tuent pour tuer, simplement ou tout d'un coup, ils travaillent en artistes à la façon du tigre. Cette fois, ils durent éprouver des joies intimes et profondément délicieuses.

A Lang-Mun, tous les chrétiens furent enterrés vivants dans une fosse commune.

A Nay, on offrit aux catholiques le choix entre l'apostasie et la mort. Quelques-uns faiblirent, ils furent quand même massacrés.

A Dinh-Thuy, un grand nombre de personnes furent jetées dans l'immense brasier allumé avec les matériaux amassés pour la construction d'une nouvelle églises. Des deux chefs de la chrétienté, l'un fut enterré vivant ; l'autre, sa femme et ses dix enfants furent décapités. Des religieuses furent jetées dans le puits de leur couvent, l'une d'elles put se soutenir à la surface pendant deux jours. Elle appela au secours, un païen accourut : elle lui promit quinze francs s'il l'aidait à sortir, il l'aida, prit les quinze francs et la jeta dans les flammes qui dévoraient encore les maisons chrétiennes ; la religieuse put s'enfuir, le païen courut après elle et l'assomma. Ce sont quelques faits, il y en a des milliers de semblables.

Le P. Chatelet fut le dernier missionnaire de la Cochinchine orientale qui tomba sous le fer des assassins.

A la nouvelle des massacres, il quitta Tra-ké, sa résidence ordinaire, pour aller s'établir à Cây-Gia, où il lui était plus facile de se défendre. Les rebelles interceptèrent alors toute communication, et l'on resta sans nouvelle du missionnaire.

III

Ce fut seulement vers le commencement d'octobre que Mgr Van Camelbeke apprit que les chrétiens tenaient tête à l'ennemi; aussitôt il envoya à leur secours, sous la conduite d'un missionnaire, le P. Auger, une petite colonne de deux cent cinquante hommes. On connut alors les circonstances dans lesquelles était mort le P. Chatelet.

Après s'être retiré à Cây-Gia, avoir appelé à lui ses chrétiens et tout préparé pour la résistance, le Père attendit les rebelles; il n'attendit pas longtemps.

« Le lundi 24 août, raconte le P. Auger, des bandes armées prenaient position sur les collines de l'est et du sud. Elles y restèrent toute la journée en observation. Pendant ce temps, le Père entendait les confessions et exhortait ses chrétiens à se conformer à la volonté divine, fallût-il, à l'exemple de saint Barthélemy, dont on célébrait la fête, donner jusqu'à la dernière goutte de son sang.

« Le 25, au point du jour, les païens, protégés contre les flèches des chrétiens par des clissages de bambous, s'avançaient en rangs serrés, mais lentement, à cause des lancettes que les assiégés avaient plantées en grand nombre, à la manière des sauvages, pour obstruer les abords de la place. Vers neuf heures, néanmoins, ils étaient assez près pour mettre le feu à la haie qui entoure l'église. Dans la crainte que les fusées incendiaires dont les brigands étaient abondamment pourvus ne missent le feu à son église, le Père avait fait enlever toutes les paillotes qui en formaient la toiture. La même mesure fut prise pour le presbytère et les cases voisines, de sorte que vers onze heures, les assaillants se retiraient sans avoir rien fait. Ils revinrent au bout de deux heures, portant cette fois du bois et de la paille, enlevés dans les cases du village chrétien. A l'intérieur, les assiégés tentaient de repousser les incendiaires en leur lançant des flèches et des pierres, tandis que les femmes et les vieillards puisaient de l'eau pour éteindre le feu qui consumait le fragile rempart de bambous.

« Vers la nuit, l'ennemi se retira, et peu à peu les flammes s'éteignirent. Le lendemain, de grand matin, les païens attaquent avec de nouvelles recrues que leur ont fournies sept villages sauvages. Bientôt la haie flambe de nouveau, et si bien que vers quatre heures du soir, en dépit de l'eau qu'on ne cesse d'y jeter, elle présente plusieurs larges brèches.

« Toute résistance semble inutile; les chrétiens entourent le Père, lui demandent une dernière bénédiction, et se retirent dans l'église pour attendre le moment du dernier sacrifice. Puis le P. Chatelet rentre dans sa maison administrer douze à quinze blessés. Il

accomplit pieusement ce ministère de charité, sans être
ému des imprécations, des insultes grossières, des clameurs de la tourbe des assaillants qui entourent déjà le
presbytère. Trois de ces furieux, désireux de s'emparer
les premiers des prétendus trésors de l'Européen, s'a-
vancent enfin, et après avoir, pendant quelques minutes,
proféré les dernières injures contre le Père et son catéchiste, le clerc tonsuré Cây, ils somment le missionnaire de descendre dans la cour et de s'y agenouiller
pour avoir la tête tranchée : — Je n'irai pas si loin,
répondit le Père; si vous voulez ma tête, venez la
prendre ici, je ne la défendrai point. En même temps,
il s'avance sous la véranda, son clerc à sa gauche; les
injures redoublent; enfin, tandis que les uns jettent à
la tête du missionnaire tout ce qui leur tombe sous la
main, un autre monte à la dérobée, du côté droit de la
véranda, s'approche doucement et plonge sa lance dans
les flancs du Père, qui tombe le visage contre terre; le
troisième bandit le frappe de deux coups de couperet,
l'un sur le cou, à droite, l'autre sur la nuque, et c'est
ainsi que le P. Chatelet consomma son martyre. »

Il avait vingt-sept ans, depuis cinq ans il avait quitté
la France et dit à sa famille et à ses amis un éternel
adieu. Sa mort porte un cachet de tranquillité, de paix,
de résignation extraordinaire; il ne se défend pas, il ne
fuit pas; il reste dans sa demeure priant jusqu'au dernier moment; la vue des bourreaux ne l'émeut point,
leurs insultes le laissent indifférent; il garde cette
entière et pleine possession de soi, qui est la vraie
marque des cœurs purs et des âmes bien trempées; sa

dernière parole révèle le prêtre, l'apôtre toujours fort et toujours doux qui a appris la science de souffrir et de mourir à l'école du Roi des Martyrs.

CONCLUSION

J'ai fini la tâche douloureuse et consolante que j'avais entreprise. Je n'ai pas essayé de grandir le rôle des missionnaires dont j'ai raconté la vie, d'embellir leur caractère, d'augmenter leurs succès, d'amplifier leurs vertus, de cacher leurs souffrances, de poétiser leur vie ; je les ai montrés tels que leurs paroles, leurs lettres, leurs actes me les ont révélés.

Ce livre est à peu de chose près le tableau de la carrière apostolique telle qu'elle se présente à tous. Il contient des biographies d'évêques et de prêtres, missionnaires, professeurs, confesseurs de la foi, martyrs. Il indique le but de l'apostolat, ses combats et ses victoires.

Ce but a été dit assez haut et répété assez souvent pour que personne ne l'ignore ou ne l'oublie; c'est d'obéir à la parole du Christ : « Allez, enseignez toutes les nations. » C'est de convertir tous les hommes à la foi en Dieu, c'est de donner à tous la liberté de la conscience, la dignité de la vie, la vérité unique, en les faisant entrer dans le sein de l'Église catholique.

Tel est le seul but que poursuit le missionnaire, mais ce n'est pas le seul qu'il atteint.

En travaillant pour l'Église et pour Dieu, il aide la civilisation, il agrandit, pour ainsi dire, le monde matériel, en faisant connaître de nouveaux peuples et de nouvelles terres; il étend le monde moral, en établissant des relations entre les nations les plus éloignées; il aide sa patrie, dont il enseigne le nom, la langue, la puissance et la gloire; il devient l'interprète des généraux ou des ambassadeurs, explique leurs intentions, défend leurs intérêts, prépare et parfois conclut des traités et des alliances; il aide les lettres et les sciences, en publiant des études sur les mœurs, sur les coutumes, sur la langue, sur la géographie, sur l'histoire des pays inconnus.

Si nous étudiions le passé, sans même consulter d'autres annales que celles de la Société des Missions-Étrangères, que de noms prouveraient la vérité de ces assertions; parmi les évêques : NN. SS. Pallu, de Lamothe-Lambert, Laneau, de Lionne, de Béhaine, Taberd, Lefebvre, Miche, Pallegoix, Charbonnaux, Bigandet, Theurel, Chauveau, etc. ; parmi les prêtres : MM. Gayme, Vachet, Langlois, de la Bissachère, Dubois, Duluc, Delamarre, Galy, Marc, Dallet, et tant d'autres qui ont servi, avec autant de dévouement que d'intelligence et de succès, la cause de la civilisation et celle de la science.

D'ailleurs, ne voit-on pas, dans les biographies qui précèdent, les mêmes travaux accomplis avec la même ardeur.

Mgr Croc seconde la diplomatie française, Mgr Ridel

compose une grammaire, un dictionnaire coréen ; Mgr Petitjean, un dictionnaire japonais ; le P. Pinabel, une relation sur le Laos ; le P. Laigre-Filliatrais et le P. Macé traduisent nos auteurs français en chinois, en siamois et en annamite.

Pour servir efficacement l'Église, la civilisation, la patrie, la science, les évêques et les prêtres passent leur vie dans la souffrance et le travail.

La souffrance se rencontre partout, elle étreint le cœur du jeune missionnaire quand il donne à sa mère un dernier baiser, quand il salue d'un dernier regard le village natal et d'une dernière prière le rivage de la patrie ; elle le frappe quand il touche la terre si ardemment désirée qu'il vient évangéliser ; il y a les souffrances du corps, les chaleurs torrides, les froids rigoureux, la pauvreté, la maladie qui condamne à l'inaction ceux qui ne rêvent que le travail ; il y a les cachots, les supplices, la mort sanglante ; il y a les souffrances de l'âme, plus amères et plus nombreuses, car elles viennent de tous côtés : des amis et des ennemis, de l'ingratitude des uns, du mépris des autres, des païens qui insultent, des chrétiens qui résistent, des hérétiques qui, l'or à la main, achètent les âmes, et des âmes qui se vendent ou même se donnent.

Avec la souffrance il y a le travail ; il est de tous les instants et se présente sous toutes les formes : l'étude de la langue, la prédication aux chrétiens et aux infidèles, l'administration des paroisses, l'enseignement des enfants, la composition des livres, les voyages à faire, les procès à dirimer, les églises à bâtir, les orphelinats à instituer, les catéchuménats à diriger, les hôpitaux à établir, les séminaires à fonder. Tous ces travaux, le missionnaire doit les faire sans ressources ou à peu près ; pour construire une église de trois mille francs, il doit tendre la main jusqu'en Europe.

L'argent n'est qu'utile, la vertu est nécessaire, c'est encore un travail de l'acquérir et de la conserver. La piété fondée sur l'humilité, l'esprit d'oraison, la docilité, la persévérance, le zèle actif et prudent sont les grandes vertus du missionnaire et les moyens qui, avec la grâce de Dieu, touchent et convertissent.

Mais qu'importe la souffrance et qu'importe le travail ? Ne donnent-ils pas les joies et les plus vives et les plus suaves que le cœur humain puisse goûter. L'apôtre voit, sous ses yeux et par ses soins, les cœurs se purifier, les intelligences s'élever, la charité croître, les âmes se sauver, les Églises se développer ; il sait que la liberté est plus respectée, la vérité mieux connue, la religion plus honorée, Dieu plus adoré. N'est-ce pas assez pour que les douleurs lui deviennent légères et les travaux faciles ?

De quel sentiment de bonheur, capable d'effacer le souvenir de toutes les souffrances, ne devaient pas être pénétrés et Mgr Petitjean quand il retrouvait et reconstituait l'Église Japonaise, et le P. Pinabel lorsqu'il fondait une vingtaine de chrétientés laotiennes, et le P. Garin lorsqu'il baptisait en une seule année 300 adultes et 2,700 enfants, et le P. Poirier lorsqu'il écrivait en 1885 : « J'étais heureux dans mon nouveau district, tout marchait avec entrain, surtout il y avait autour de moi un mouvement de conversions admirable et vraiment extraordinaire. Depuis le premier de l'an jusqu'à Pâques, j'avais baptisé 150 catéchumènes ; un grand nombre de païens demandaient à se convertir, plusieurs communes étaient sur le point d'abandonner le culte des idoles. »

D'ailleurs, le missionnaire ne goûte-t-il pas une joie plus fortifiante encore dans l'obéissance à la volonté de Dieu, dans la foi en sa vocation, dans l'espoir de cette grâce si haute et si glorieuse, le martyre. Car le martyre est une souffrance pour le corps seulement, pour l'âme il est une joie, et de toutes les joies la plus grande, de tous les bonheurs le plus désiré puisqu'il donne le Ciel et féconde la terre ; on en retrouve la pensée dans tous les cœurs apostoliques : Mgr Croc s'y prépare, le P. Mathevon le regrette, le P. Laigre-Filliatrais le rêve en se rendant au Collége Général, le P. Macé écrit : « Le martyre est de toutes les grâces que j'ai jamais demandées à la sainte Vierge, la seule qu'elle ne m'ait pas encore accordée : donc mille actions de grâces si cela arrive! » Le P. Dupont écrit à son frère « Mais est-ce possible! Je succomberais martyr! Ah! si c'était vrai! Bénis mon âme, ah! bénis le Seigneur! Frère : chante avec allégresse le *Te Deum!* »

Mais pourquoi aller chercher quelques lignes perdues dans les lettres de trois ou quatre Missionnaires. Tous, tous ne l'ont-ils pas chantée cette strophe immortelle :

Quel jour que celui-là, le grand jour du martyre,
Le jour qui donne au cœur ce que le cœur désire

> Qui brise l'esclavage et rend la liberté !
> Le beau jour du combat que le triomphe achève
> Qui commence ici-bas sous le tranchant du glaive,
> Et finit dans l'éternité.

Sans doute, il est des mères qui trouveront dur de voir s'éloigner leurs enfants, de les laisser s'en aller mourir sur une terre étrangère; il en est qui ne comprendront pas leurs saints désirs de martyre; qu'elles se rappellent la parole de Madame Iribarne, si profonde, si forte et si convaincante en sa brièveté : « Mon fils, fais ce que Dieu veut. » Et si un jour elles apprennent que leur fils a sacrifié sa vie, puisse Dieu leur donner le courage de redire cette parole de Madame Jaccard : « Dieu soit loué ! je suis délivrée de la crainte que j'éprouvais malgré moi de voir mon enfant succomber à la tentation des douleurs. » Mais pour que ces douleurs, ces joies et ces travaux soient véritablement féconds, pour que le but de l'apostolat soit complètement atteint, que les peuples, assis à l'ombre de la mort, se lèvent et marchent dans la plénitude de la lumière et de la vie, il faut que, chaque jour, s'accroisse le nombre des prédicateurs de la Foi. La Chine compte 350 millions d'infidèles, l'Indo-Chine 40 millions, les Indes 250 millions ; pour évangéliser ces immenses multitudes, les missionnaires sont environ 1,600 sur lesquels 750 appartiennent à la Société des Missions-Étrangères. Qui oserait dire que ce nombre suffit ?

Il y a soixante ans, le Cardinal Préfet de la Propagande écrivait aux Directeurs du Séminaire des Missions-Étrangères : « De toutes parts, les chrétiens qu vivent au milieu des infidèles, réduits à une extrême et déplorable nécessité, implorent l'arrivée et le secours des ministres sacrés. Dans la violence même de la persécution, ces terres arrosées du sang des martyrs ont enfanté à Jésus-Christ de nouveaux enfants qu'il faut élever et soutenir. Plusieurs, parmi ces païens, prêtent une oreille favorable à la prédication de l'Évangile. C'est donc une portion de la sollicitude pastorale que l'envoi de ministres évangéliques empressés de voler au secours de leurs frères, en proie à tant de besoins. Que l'on ne craigne point d'en éprouver parmi vous un affaiblissement dans le ministère sacré; plus de nombreux exemples d'une si louable charité éclateront, plus le saint zèle se réveillera parmi les enfants du sanctuaire. »

Ne dirait-on pas, en vérité, ces paroles écrites d'hier?

A quelle époque l'apostolat a-t-il jamais eu un besoin plus pressant de prêtres? A quelle époque les missions ont-elles offert le spectacle de malheurs plus attristants et en même temps d'activité plus grande et d'espérances plus fondées?

Si l'Annam est anéanti, le Laos fermé, le Tong-King soulevé, en Chine et en Corée la paix règne, au Japon la liberté religieuse est proclamée, aux Indes, à Siam, en Birmanie, l'apostolat jouit de la plénitude de son indépendance.

N'est-ce donc pas le moment de répéter ces éloquentes paroles que Fénelon prononçait il y a deux siècles :
« Évêques, prêtres, par la vertu toute puissante du nom de Jésus-Christ, allez annoncer l'Évangile à toute

créature ; j'entends la voix de Pierre qui vous envoie et vous anime. Il vit, il parle dans son successeur, il ne cesse de confirmer ses frères. Allez donc, anges prompts et légers ; que sous vos pas les montagnes descendent, que les vallées se comblent, que toute chair voie le salut de Dieu. »

TABLE DES MATIÈRES

18.

3963 — ABBEVILLE, TYP. ET STÉR. A. RETAUX. 1886.

EXTRAIT DU CATALOGUE

DE LA

LIBRAIRIE RETAUX-BRA\

ABBÉ (l') JEAN-MARIE DE LAMENNAIS, fondateur de l'Institut de Ploërmel, par l'auteur des *Contemporains.* 1 beau vol. in-18 jésus, avec portrait et autographe...   2 50

A L'ASSAUT DES PAYS NÈGRES. Journal des missionnaires d'Alger dans l'Afrique équatoriale. 1 fort vol. in-8 orné de nombreuses gravures........................   6 00

ALCAN (Eugène).
Légende (la) des âmes, souvenirs de quelques conférences de Saint-Vincent de Paul. 2 vol. in-18 jésus.....   6 00

ALZOG (le Dr J.).
Manuel de patrologie. Ouvrage traduit de l'allemand avec l'autorisation de l'auteur, par l'abbé P. Bélet. 1 vol. in-8..   6 00

AMITIÉ (l'). 1 vol. in-18 raisin......................   3 50

ANDIGNÉ (le vicomte d').
Année (une) à Rome. Impressions d'un catholique. 1 vol. in-18 jésus....................................   3 00

ANDRÉ et BURELLE.
Chants complets de l'Archiconfrérie, vêpres, saluts et cantiques chantés à l'office du soir, à l'église de N.-D. des Victoires, à Paris, recueillis et mis en musique par M. André, maître de chapelle de N.-D. des Victoires, avec accompagnement d'orgue ou de piano, par M. BURELLE, organiste de la même église. 1 vol. gr. in-8. Net....................................   3 50

APPERT (Camille).
Dernier (le) roi des Lombards, ou Rome délivrée. Drame en 5 actes et en vers. 1 vol. in-18 raisin........   1 00

ARCHIER (Adolphe).
Saints (les) de la Compagnie de Jésus. 1 vol. in-18 jésus. 2 50

ARMEL DE KERVAN.
Voltaire, ses hontes, ses crimes ses œuvres et leurs con-

séquences sociales, revue historique et critique. 1 vol.
in-18 jésus.. 2 00
Quatre-vingt-neuf et son histoire, documents authentiques.
1 fort vol. in-18 jésus............................. 3 50

ARTIGES (abbé Camille).
Portraits limousins. Etudes d'histoire et de littérature,
avec une préface de Jean Vaudon, des antiquaires de
Normandie. 1 vol. in-18 jésus.................... 3 00
Filleul (le) de saint Louis, tragédie en cinq actes et en vers.
1 vol. in-18 .... 1 60

AUDIN.
Histoire de la vie, des doctrines et des ouvrages de
Luther. (Edition abrégée). 1 vol. in-18 jésus... 3 00
Histoire de la vie, des doctrines et des ouvrages de Calvin.
2 vol. in-18 jésus 7 00
Abrégé du même ouvrage. 1 vol. in-18 jésus...... 3 00
Histoire de Léon X et de son siècle. (Edition abrégée).
1 vol. in-18 jésus................................. 3 00
Histoire de Henri VIII et du schisme d'Angleterre. 2 vol.
in-18 jésus 7 00
Abrégé du même ouvrage. 1 vol. in-18 jésus...... 3 00
Retour à l'unité catholique par le protestantisme.
Deuxième édition de l'ouvrage intitulé : La réforme contre
la Réforme, traduit de l'allemand de Hœninghaus, précédé
d'une introduction par Audin. 2 vol. in-18 jésus. 7 00

AUNAY OVERNEY (J. de l').
Soirées (les) du château de Kerilis. 1 vol. in-18 jésus. 3 50

AUVRAY (Michel).
Ambitieuse (l'). 1 vol. in-18 jésus................ 2 00
Secret (le) de la chambre verte. 1 vol. in-18 jésus. 2 00

BAGUENAULT DE PUCHESSE.
Immortalité (l'), la mort et la vie. Etude sur la destinée
de l'homme. 3e édition revue et augmentée. 1 vol. in-18
jésus.. 3 50

BALMÈS (Jacques).
Art (l') d'arriver au vrai, philosophie pratique. 1 vol.
in-8... 5 00
Le même ouvrage. 1 vol. in-18 jésus............. 3 00
Philosophie fondamentale. 3 vol. in-18 jésus...... 10 50
Protestantisme (le) comparé au Catholicisme dans ses
rapports avec la civilisation européenne. 3 vol. in-18
jésus.. 10 50

JDON (Adolphe).
Mois de Marie (Lectures et réflexions pieuses pour le).
1 vol. in-32 jésus................................. 0 80
Mois du Sacré-Cœur. 1 vol. in-32 jésus........... 0 80
Pensées pieuses après la sainte Communion pour les di-
manches et les principales fêtes de l'année. 1 vol. in-18.
.... 2 50

BAUTAIN (l'abbé).

Méditations chrétiennes, œuvre posthume. 1 vol. in-18 jésus... 3 00

Éducation (de l') publique en France au XIXe siècle. 1 vol. in-8... 5 00

BAYLE (l'abbé).

Derniers (les) jours du Chrétien, ou le saint viatique, l'extrême-onction, la recommandation de l'âme, les funérailles, le dogme du purgatoire, etc., expliqués aux fidèles. 1 vol. in-32 jésus.................... 2 00

Etude sur Prudence, suivi du Cathémérinon traduit et annoté. 1 vol. in-8............................... 4 00

Marie au cœur de la jeune fille, ouvrage traduit de l'italien. 1 vol. in-32 jésus........................ 1 20

Massillon. Etude historique et littéraire. 1 vol. in-18 jésus. 3 00

Vie de saint Philippe de Néri. 1 vol. in-8.......... 6 00

Le même ouvrage. 1 vol. in-18 jésus............... 3 00

Saint Basile, archevêque de Césarée (329-379), cours d'éloquence sacrée. 1 vol. gr. in-8................. 5 00

BERGIER (l'abbé J.-B.).

Histoire de saint Jean Chrysostôme, sa vie, ses écrits, influence de son génie. 1 vol. in-8.............. 5 00

Le même ouvrage. 1 vol. in-18 jésus.............. 3 00

BERNARD (saint).

Lettres à l'usage des personnes pieuses et des gens du monde, traduites par le R. P. Melot. 1 vol. in-32. 1 20

BERTRAND (le R. P.).

Lettres édifiantes et curieuses de la nouvelle mission du Maduré, éditées par le R. P. Bertrand, S. J. 2 beaux vol. in-8... 8 00

BESSON (Mgr).

Vie de S. Em. Mgr le cardinal Mathieu, archevêque de Besançon. 2 vol. in-8, avec portrait et fac-simile.. 12 00

Le même ouvrage. 2 vol. in-18 jésus.............. 7 00

Vie de Mgr Paulinier, évêque de Grenoble, archevêque de Besançon. 1 vol. in-8......................... 6 00

Le même ouvrage. 1 vol. in-18 jésus.............. 3 50

Vie de M. l'abbé Busson, ancien secrétaire général des affaires ecclésiastiques, chanoine honoraire, membre de l'Académie des sciences, belles-lettres et arts de Besançon. 1 vol. in-18 jésus...................... 3 50

Conférences prêchées dans l'église métropolitaine de Besançon pendant les années 1864 à 1874. 7 vol. in-8. .... 35 00

Le même ouvrage. 7 vol. in-18 jésus.............. 21 00

On vend séparément :

Homme-Dieu (l'). 1 vol. in-8....................... 5 00

Le même ouvrage. 1 vol. in-18 jésus.............. 3 00

Eglise (l'), œuvre de l'Homme-Dieu. 1 vol. in-8... 5 00
Le même ouvrage. 1 vol. in-18 jésus............... 3 00
Décalogue (le) ou la loi de l'Homme-Dieu. 2 vol. in-8.
.... 10 00
Le même ouvrage. 2 vol. in-18 jésus............... 6 00
Sacrements (les) ou la grâce de l'Homme-Dieu. 2 vol. in-8.
.... 10 00
Le même ouvrage. 2 vol. in-18 jésus............... 6 00
Mystères (les) de la vie future ou la gloire de l'Homme-
   Dieu. 1 vol. in-8................................. 5 00
Le même ouvrage. 1 vol. in-18 jésus............... 3 00

Année (l') d'expiation et de grâce (1870-1871). Sermons et
   oraisons funèbres. 1 vol. in-8.................. 5 00
Le même ouvrage. 1 vol. in-18 jésus............... 3 00
Année (l') des pèlerinages (1872-1873). Sermons. 1 vol.
   in-8... 5 00
Le même ouvrage. 1 vol. in-18 jésus............... 3 00
Sacré-Cœur (le) de l'Homme-Dieu. Sermons prêchés à
   Besançon et à Paray-le-Monial en juin 1873. 1 vol. in-8.
.... 5 00
Le même ouvrage. 1 vol. in-18 jésus............... 3 00
Panégyriques et oraisons funèbres. 2 vol. in-8.... 10 00
Le même ouvrage. 2 vol. in-18 jésus............... 6 00
Panégyriques, oraisons funèbres, éloges académiques.
   Nouvelle série. 1 vol. in-8..................... 5 00
Le même ouvrage. 1 vol. in-18 jésus............... 3 00
Panégyriques, oraisons funèbres, éloge académique. Troi-
   sième série. 1 vol. in-8........................ 5 00
Le même ouvrage. 1 vol. in-18 jésus............... 3 00
Œuvres pastorales, (1875-1878). 2 vol. in-8........ 10 00
Le même ouvrage. 2 vol. in-18 jésus............... 6 00
Œuvres pastorales, 2e série (1878-1882). 2 vol. in-8. 10 00
Le même ouvrage. 2 vol. in-18 jésus............... 6 00
Béatitudes (les) de la vie chrétienne ou la dévotion envers
   le Sacré-Cœur. 1 vol. in-8..................... 5 00
Le même ouvrage. 1 vol. in-18 jésus............... 3 00
Instruction pastorale et mandement sur la franc-maçon-
   nerie. In-18 jésus. Net......................... 0 30
Instruction pastorale sur les enterrements civils. In-18
   jésus. Net..................................... 0 30

BESSON (Paul).
  Suppression (de la) par mesure administrative des traitements ecclésiastiques. In-18 jésus............. 0 30

BIBLE (la SAINTE), texte latin de la Vulgate, traduction
   française en regard, avec introductions générales et particulières, et Commentaires théologiques, moraux, phi-
   lologiques, historiques, etc., rédigés d'après les meilleurs
   travaux anciens et contemporains, par MM. Le Hir, Drach,

Bayle, Fillion. Clair, Crelier, Trochon, Gillet, Lesètre, etc. Brefs de Pie IX et de Léon XIII, approbations et imprimatur de l'Ordinaire.

		Prix pour les souscripteurs.		Séparément.
INTRODUCTION GÉNÉRALE (*sous presse*).				
LANGAGE SYMBOLIQUE	net.	3 70	net.	5 50
JOSUÉ	—	1 80	—	2 70
JUGES ET RUTH	—	2 40	—	3 60
LES ROIS. 2 vol.	—	15 40	—	22 00
LES PARALIPOMÈNES	—	6 00	—	8 60
ESDRAS ET NÉHÉMIAS	—	2 30	—	3 40
TOBIE, JUDITH ET ESTHER	—	3 50	—	5 00
LE LIVRE DE JOB (*sous presse*).				
LES PSAUMES	—	11 50	—	16 50
LES PROVERBES		3 70	—	5 40
L'ECCLÉSIASTE	—	2 40	—	3 60
LE CANTIQUE DES CANTIQUES	—	2 00	—	2 80
LA SAGESSE	—	2 60	—	3 80
L'ECCLÉSIASTIQUE	—	4 20	—	6 00
INTRODUCTION AUX PROPHÉTIES	—	2 30	—	3 40
ISAIE	—	4 40	—	6 60
JÉRÉMIE ET BARUCH	—	6 60	—	9 40
ÉZÉCHIEL	—	5 40	—	7 80
DANIEL	—	4 00	—	5 60
LES PETITS PROPHÈTES	—	8 00	—	11 50
LES MACHABÉES	—	4 60	—	6 80
SAINT MATTHIEU	—	9 00	—	13 00
SAINT MARC	—	3 60	—	5 00
SAINT LUC	—	6 60	—	9 40
SYNOPSIS EVANGELICA	—	2 40	—	3 60
ACTES DES APOTRES	—	5 40	—	7 80
SAINT PAUL	—	11 40	—	17 10
ÉPITRES CATHOLIQUES	—	3 20	—	4 50
L'APOCALYPSE	—	2 20	—	3 30
TABLE HOMILÉTIQUE, OU THESAURUS BIBLICUS	—	8 00	—	10 00
ATLAS GÉOGRAPHIQUE ET ARCHÉOLOGIQUE	—	8 00	—	9 00

Pour paraître successivement et prochainement : *Le Pentateuque. — Introduction aux évangiles. — Saint Jean. — Tables générales.*

BIBLIA SACRA vulgatæ editionis Sixti V Pontificis Maximi jussu recognita et Clementis VIII auctoritate edita. Nova editio accuratissime emendata, a DD. Archiepiscopo Parisiensi approbata. 1 magnifique vol. in-18 jésus.   6 00

BILLECOQ (le R. P.).
    Instructions familières sur les pratiques de la vraie dévotion par une vierge chrétienne au milieu du monde. 1 vol. in-18 .... 1 75

BION (Pierre).
    Doigt (le) du commissaire ou les progrès de l'époque. 1 vol. in-12 .... 2 00

Fille (la) de la pétroleuse, faisant suite au Doigt du commissaire. 1 vol. in-12........................... 2 00

BLANC (l'abbé).
Christianisme (le) intégral, ou la vérité catholique démontrée aux jeunes gens par les matières concernan le baccalauréat ès lettres et ès sciences. 2 vol. in-8 raisin.. 8 00

BLANCHE-RAFFIN (A. de).
Balmès (Jacques), sa vie et ses ouvrages. 1 vol. in-8.. 4 00

BOIVIN (abbé).
Pénitence et Eucharistie, ou les deux grands moyens de sanctification. In-32 carré...................... 0 60

BONAVENTURE (saint).
Méditations sur la vie de N.-S. Jésus-Christ. Traduites par le R P. Dom François Le Bannier, bénédictin de la congrégation de France. Nouvelle édition avec une notice sur le traducteur et un choix de ses poésies par un moine de la même congrégation. 1 vol. in-4... 6 00

BONNE (la) NOUVELLE DE NOTRE-SEIGNEUR JESUS-CHRIST. Tome Ier. Préambules de la foi. Concordance du saint Evangile jusqu'à la prédication de saint Jean-Baptiste. 1 vol. in-8.............................. 6 00

BONNIOT (le R. P. de).
Malheurs (les) de la philosophie : études critiques de philosophie contemporaine. 1 beau vol. in-8....... 6 00
Le même ouvrage. 1 vol. in-18 jésus.............. 3 50
Miracle et savants. L'objection scientifique contre le miracle In-18 jésus........................... 0 80
Miracle (le) et les sciences médicales. Hallucination. Apparitions. Extase. Fausse extase. 1 vol. in-18 jésus. 3 50

BOUGEANT (le R. P.).
Exposition de la doctrine chrétienne. Nouvelle édition, revue, corrigée et considérablement augmentée, par Mgr Darboy. 2 vol. in-8........................ 8 00

BOUNIOL (Bathild).
France (la) héroïque, vies et récits dramatiques d'après les chroniques et les documents originaux. 4 vol. in-8.. 20 00
Le même ouvrage. 4 vol. in-18 jésus.............. 10 00
Marins (les) français, suite et complément de *la France héroïque*, vies et récits dramatiques d'après les documents originaux 2 vol. in-18 jésus.............. 6 00
Rues (les) de Paris, Biographies, Portraits, récits et légendes. 3 vol. in-8........................... 15 00
Le même ouvrage. 3 vol. in-18 jésus.............. 9 00
A l'ombre du drapeau Episodes de la vie militaire : Empire, Algérie, Crimée. 1 vol. in-18 jésus 2 00
Soldat (le), chants et récits. 1 vol. in-18.......... 0 60
Sentiment de Napoléon Ier sur le christianisme, d'après

LIBRAIRIE DE RETAUX-BRAY, ÉDITEUR
82, rue Bonaparte, à Paris.

THÉODORE WIBAUX, zouave pontifical et jésuite. 1 beau vol.
gr. in-16.. 3 fr. 50

« Impossible de rêver figure plus attachante, plus franchement chrétienne que celle de ce jeune zouave ; âme héroïque, brave soldat, joyeux
camarade, écrivain charmant, Théodore Wibaux est tout cela. Avec lui on
assiste au choléra d'Albano, à Mentana, aux incidents de la vie de garnison,
aux tristesses de la campagne de la Loire ; avec lui on rit, on souffre, on
chante. L. Veuillot pleurait en lisant la correspondance de cet admirable
soldat du Pape. Un souffle plein de chaleur et de poésie donne la vie à ces
pages ; une lumière du ciel les éclaire. C'est à la fois, le tableau d'une
famille chrétienne, le portrait d'une belle âme, l'histoire du régiment; c'est
le livre des jeunes gens, qu'il fait bon lire à tout âge et qu'on ne peut lire
sans devenir meilleur. »

VIE DE Mgr PAULINIER, évêque de Grenoble, archevêque de
Besançon, par Mgr Besson, évêque de Nîmes. 1 vol. in-8°, orné
d'un portrait.................................... 6 fr. »»

Le même ouvrage. 1 vol. in-18 jésus.............. 3 fr. 50

MARIE LOUISE FROSSARD, enfant de Marie, élève de la Congrégation de Notre-Dame, nouvelle édition. 1 beau vol. in-8° orné
d'un portrait. .... 3 fr. 50

La bibliothèque des enfants de Marie vient de s'enrichir d'une nouvelle
perle : *Marie-Louise Frossard*, enfant de Marie.

Ce petit ouvrage dont l'aspect est charmant ne trompe pas l'œil : ouvrez-le
et vous y trouvez une physionomie ravissante, transfigurée par les beautés
d'une âme vaillante et généreuse. L'intérêt du récit, l'agrément d'un style
simple, naturel et entraînant, le charme d'une piété ardente, aimable et
surtout pratique, font de ce petit livre un trésor que toutes les jeunes filles
pieuses, les enfants de Marie surtout, accueilleront avec empressement, et
dont la lecture leur sera aussi agréable et utile sous le point de vue littéraire que sous le rapport de la piété.

(Extrait de la Semaine religieuse de Troyes.)

LE PÉNITENT BRETON PIERRE DE KERIOLET, par le vicomte
Hippolyte le Gouvello. 1 vol. in-18 jésus............ 3 fr. »»

NOTRE-DAME D'ISSOUDUN, par le T. R. P. Chevalier, supérieur
général des Pères du Sacré-Cœur. 1 beau vol. in-18 jésus. (Édition
de luxe)....................................... 3 fr. 50

3963. — ABBEVILLE, TYP. ET STÉR. A. RETAUX.